江西财经大学信毅学术文库

基金支持：

2021 年江西省自然科学基金青年基金项目：具有高次非线性项的浅水波方程若干问题研究（20212BAB211011）

2019 年江西省教育厅科技项目：具有高次非线性的浅水波模型若干问题研究（GJJ190284）

2021 年江西省自然科学基金：与热半群相伴的微分变换算子及其相关问题研究（20212BAB201008）

2020 年江西省主要学科学术与技术带头人青年人才培养项目：随机噪声影响的媒体报道传染病模型与防控策略研究（20204BCJL23057）

广义 Camassa – Holm 方程与短波方程的柯西问题

李　敏　著

中国财经出版传媒集团

中国财政经济出版社

图书在版编目（CIP）数据

广义 Camassa - Holm 方程与短波方程的柯西问题 / 李敏著 . -- 北京：中国财政经济出版社，2021.11
（江西财经大学信毅学术文库）
ISBN 978 - 7 - 5223 - 0824 - 1

Ⅰ.①广⋯　Ⅱ.①李⋯　Ⅲ.①非线性方程－初值问题－研究　Ⅳ.①O175

中国版本图书馆 CIP 数据核字（2021）第 195892 号

责任编辑：彭　波　　　　　责任印制：史大鹏
封面设计：王　颖　　　　　责任校对：徐艳丽

中国财政经济出版社 出版

URL：http://www.cfeph.cn
E - mail：cfeph@cfeph.cn

社址：北京市海淀区阜成路甲 28 号　邮政编码：100142
营销中心电话：010 - 88191522
天猫网店：中国财政经济出版社旗舰店
网址：https://zgczjjcbs.tmall.com
北京财经印刷厂印刷　各地新华书店经销
成品尺寸：170mm×230mm　16 开　7.5 印张　120 000 字
2021 年 11 月第 1 版　2021 年 11 月北京第 1 次印刷
定价：68.00 元
ISBN 978 - 7 - 5223 - 0824 - 1
（图书出现印装问题，本社负责调换，电话：010 - 88190548）
本社质量投诉电话：010 - 88190744
打击盗版举报热线：010 - 88191661　QQ：2242791300

总　序

　　书籍是人类进步的阶梯。通过书籍出版，由语言文字所承载的人类智慧得到较为完好的保存，作者思想得到快速传播，这极大地方便了知识传承与人类学习交流活动。当前，国家和社会对知识创新的高度重视和巨大需求促成了中国学术出版事业的新一轮繁荣。学术能力已成为高校综合服务水平的重要体现，是高校价值追求和价值创造的关键衡量指标。

　　科学合理的学科专业、引领学术前沿的师资队伍、作为知识载体和传播媒介的优秀作品，是高校作为学术创新主体必备的三大要素。江西财经大学较为合理的学科结构和相对优秀的师资队伍，为学校学术发展与繁荣奠定了坚实的基础。近年来，学校教师教材、学术专著编撰和出版活动相当活跃。

　　为加强我校学术专著出版管理，锤炼教师学术科研能力，提高学术科研质量和教师整体科研水平，将师资、学科、学术等优势转化为人才培养优势，我校决定分批次出版高质量专著系列；并选取学校"信敏廉毅"校训精神的前尾两字，将该专著系列命名为"信毅学术文库"。在此之前，我校已分批出版"江西财经大学学术文库"和"江西财经大学博士论文文库"。为打造学术品牌，突出江财特色，学校在上述两个文库出版经验的基础上，推出"信毅学术文库"。在复旦大学出版社的大力支持下，"信毅学术文库"已成功出版两期，获得了业界的广泛好评。

　　"信毅学术文库"每年选取 10 部学术专著予以资助出版。这些学术专著囊括经济、管理、法律、社会等方面内容，均为关注社会热点论题或有重要研究参考价值的选题。这些专著不仅对专业研究人员开展研究工作具有参考价值，也贴近人们的实际生活，有一定的学术价值和现实指导意义。专著的作者既有学术领域的资深学者，也有初出茅庐的优秀博士。资深学者因其学术涵养深厚，他们的学术观点代表着专业研究领域的理论前沿，对他们专著的出版能够带来较好的学术影响和社会效益。优秀博士作为青年学者，他们学术思维活跃，容易提出新的甚至是有突破性的学术观点，从而成为学术研究或学术争论的焦点，出版他们学术成果的社会效益也不言自明。一般而言，国家级科研基金资助项目具有较强的创新性，该类研究成果常常在国内甚至国际专业研究领域处于领先水平，基于以上考虑，我们在本次出版的专著中也吸纳了国家级科研课题项目研究成果。

"信毅学术文库"将分期分批出版问世，我们将严格质量管理，努力提升学术专著水平，力争将"信毅学术文库"打造成为业内有影响力的高端品牌。

王 乔

2016 年 11 月

前　　言

　　本书主要研究了两类浅水波与两类短波方程的柯西（Cauchy）问题，即在给定初值条件下，研究方程解的存在性、唯一性与对初值的连续依赖性. 第一部分研究了两个广义的 Camassa – Holm 方程在直线上的 Cauchy 问题（见第 2、第 3 章），其中包括广义 Degasperis – Procesi 方程和一个带三次非线性项的广义 Camassa – Holm 方程，我们得到了这类方程强解的整体存在性、爆破和整体弱解等一系列结果. 第二部分研究了两个短波方程在周期域上的 Cauchy 问题（见第 4、第 5 章），包括色散 Hunter – Saxton 方程和一个广义短脉冲方程：单环短脉冲方程，我们利用 Kato 方法得到了这类方程在 Sobolev 空间中的局部适定性，进而导出了整体解和爆破等结果. 全书有六章，具体内容如下：

　　第 1 章介绍本书所研究课题的物理背景和研究发展，并引入了一些常用记号和命题.

　　第 2 章研究了一个广义 Degasperis – Procesi 方程的 Cauchy 问题，利用一个新的守恒律，我们得到了强解的整体存在性和两个爆破结果，并且证明了其存在整体弱解.

　　第 3 章研究了一个带三次非线性项的广义 Camassa – Holm 方程，我们先得到了方程在低正则的和临界的 Besov 空间中的局部适定性，接着利用保号性和守恒律证明其存在爆破解，并且导出了这些解的爆破率.

　　第 4 章研究色散 Hunter – Saxton 方程在周期域上的 Cauchy 问题，利用 Kato 方法我们得到了方程在 Sobolev 空间中的局部适定性，接着导出了解的爆破现象，并且证明了其存在光滑的行波解.

　　第 5 章研究了单环短脉冲方程在周期域上的 Cauchy 问题，我们先给出了其在 Sobolev 空间中的局部适定性，最后利用该方程与 sine – Gordon 方程的关系得到了一个整体解结果.

  第 6 章我们对全书内容做了简要的总结，并且在现有研究基础上对未来的研究方向进行界定，对后续的研究规划进行展望。

目　　录

第1章 引　　言

1.1　研究背景

在流体动力学中，我们将振幅远远小于波长的水波称为浅水波．在自然界中，如由海底地震引起的海啸或者由月球引力产生的潮汐波，其运动规律都可以用浅水波模型来描述．因此，浅水波模型的理论研究长期以来受到物理学界和数学界的关注．

2004 年印度洋海啸，直接造成约 15 万人死亡，数百万人无家可归，后续间接的经济损失更是无法计数．直到现在，人们对海啸的认识还非常有限，如何有效地预测海啸，以及减少海啸带来的经济损失，是 21 世纪科学家亟待解决的现实问题．归根结底，解决这类问题的困难在于人们对海啸的形成和传播机制没有系统地理解．而要清晰地理解一个物理现象的本质，对其理想模型的数学原理分析是问题的关键．通常，海啸是由海底地震引起的，其波长比海洋的最大深度还要大，故振幅远远小于波长，其轨道运动在海底附近阻滞很小，传播受海洋深度影响不大．这些客观条件决定了海啸的运动与理想流体沿平坦底部小振幅单向传播而产生的浅水波性质非常相似．因此，对浅水波系统的研究可以指导人们更有效地预知海啸并更深入地理解水波运动的机理．

在理想状态下，若不考虑流体黏性和重力以外的其他外力，浅水波的运动可以归结为 Euler 方程自由边值问题．由于 Euler 方程对流项带来的强非线性以及自由边值问题本身的复杂性，使得该问题在分析上变得异常困难，因而人们希望利用一些简化模型来逼近浅水波模型．众所周知，最经典的用于逼近浅水波运动的方程为著名的 KdV 方程. KdV 方程是 1895 年由荷兰数学家 D. J. Korteweg 和他的学生 G. de Vries 在研究浅水波运动模型时推导出来的[1]. KdV 方程存在光滑的孤立子解，可以描述浅水波中存在的孤立波（solitary wave）现象. 这种水波最早是英国科学家 J. S. Russell 在 1834 年发现的一种奇特的水波现象[2]，它有光滑的波面以及恒定的速度并且在运动中一直保持原有形状. 正因为如此，一直以来 KdV 方程被视为描述浅水波运动的标准模型，从而引起了广大数学家对浅水波理论的兴趣，并且对此做了大量的数学理论研究. 但是浅水波系统中不仅存在光滑的孤立波，在日常观察中，水波的表面往往存在类似褶皱的形状而并非光滑的，后续的流体实验也表明，浅水波在波峰处有时会出现明显的尖点，这时波面本身是连续的，但其斜率在尖点处是间断的，这种现象在物理中被称为波裂现象. 由于不存在非光滑的孤立波解，KdV 方程不能用于刻画浅水波中广泛存在的波裂现象，进而人们希望找到更精确的模型来描述这一现象.

1993 年，美国科学家 R. Camassa 和 D. D. Holm 在研究浅水波运动规律时，直接通过对 Euler 方程的 Hamiltonian 函数作渐进展开导出了一个新的完全可积的浅水波模型 Camassa – Holm 方程[3]：数学上能够比较精确地描述浅水波模型的方程是 Camassa – Holm（CH）方程：

$$u_t + 2\kappa u_x - u_{xxt} + 3uu_x = 2u_x u_{xx} + uu_{xxx}.$$

它是一个完全可积的，无量纲化的非线性偏微分方程. 该方程是 1993 年由 Roberto Camassa 和 Darryl D. Holm 在研究浅水波系统时作为有双 – Hamiltonian 结构的方程提出来的. 在 CH 方程中，u 既可以表示波面距离底面的高度，也可以表示沿 x 方向的传播速度，$\kappa \geqslant 0$ 是只与临界波速有关的物理常数. 另一经典的浅水波方程是 KdV 方程：

$$u_t - u_{xxx} + 6uu_x = 0.$$

它是描述孤立波现象的著名方程，KdV 方程存在光滑的孤立子解. 但是在浅水波系统中不仅存在孤立波，还大量存在着波裂现象. 在日常观察以及实验中，水波的波面并非光滑的，而是在波峰处往往会出现明显的尖点，如图 1 – 1 所示，这时水波本身是连续的，但其斜率（对应方程中的 u_x）在尖点处是间断的，这种现象在物理中称为波裂现象. 然而 KdV 方程并不能很好地刻画这一现象.

图 1 – 1　海平面中的浅水波形

信毅学术文库

　　有别于 KdV 方程，CH 方程之所以受到关注是因为它存在 peakon 解，即所谓尖峰孤立子，进而可以描述波裂现象．其实在数学上，CH 方程在更早的 1981 年，曾被 Fuchssteiner 和 Fokas 作为有双 – Hamiltonian 结构的广义 KdV 方程提出来，只是当时并不知道该方程能精确地描述浅水波模型．更重要的是，Roberto Camassa 和 Darryl D. Holm 在 ［1］ 中指出，当 $\kappa > 0$ 时，CH 方程和 KdV 方程一样存在光滑的孤立子解，如图 1 – 2 所示；当 $\kappa \to 0$ 时，波峰处的曲率逐渐变大；最终当 $\kappa = 0$ 时出现形如 $u = c\exp(-|x - ct|)$ 的尖峰孤立子解，如图 1 – 3 所示．尖峰孤立子解的出现在物理中有非常重要的意义，也正因为 Camassa 和 Holm 的这一发现，人们将该方程称为 Camassa – Holm （CH） 方程.

　　作为一个完全可积系统，CH 方程有以下几个重要的守恒律：

$$E_1 u = \int_{\mathbb{R}} m \, dx, \quad E_2 u = \int_{\mathbb{R}} (u^2 + u_x^2) \, dx, \quad E_3 u = \int_{\mathbb{R}} (u^3 + u u_x^2) \, dx.$$

$u = \phi(x - ct)$

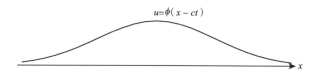

图 1 – 2　Camassa – Holm 方程的光滑行波解 （$\kappa > 0$）

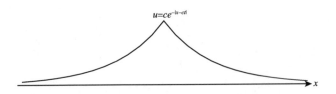

$u = ce^{-|x-ct|}$

图 1 – 3   Camassa – Holm 方程的尖峰孤立子解（$\kappa = 0$）

其中 m 为势函数，定义为 $m = u - u_{xx}$.

在后续的研究中，人们希望从 Camassa – Holm 方程出发，在不同的角度对浅水波系统进行逼近. 其中以 A. Degasperis 和 M. Procesi 在 1999 年发现的完全可积方程[3]：

$$u_t - u_{xxt} + 2\kappa u_x + 4uu_x = 3u_x u_{xx} + uu_{xxx}$$

最为有名. 该方程是在渐近可积的条件下推导出来的，现在被称为 Degasperis – Procesi（DP）方程. DP 方程能以 CH 方程相同的精确度渐近逼近浅水波系统[4]. 同样，DP 方程也有双 – Hamiltonian 结构[5,6]，存在尖峰孤立子解[5]. 需要指出的是，CH 方程和 DP 方程都存在尖峰行波解[7,8]，这一类弱解可以很好地描述水流沿着水槽或者斜坡单向流动的现象[9,10]，也同样适用于描述海洋赤道波的运动[11-13].

与 CH 方程不同的是，DP 方程还存在形如 $u = -\dfrac{1}{t + \kappa}\mathrm{sgn}(x)\exp(-|x|)$ 激波解. 我们知道 peakon 解只是波的斜率出现断裂，波形依然是连续的，对激波解而言波形本身已经不再连续，如图 1 – 4 所示.

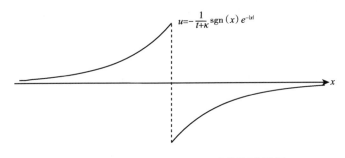

$u = -\dfrac{1}{t+\kappa}\mathrm{sgn}(x)e^{-|x|}$

图 1 – 4   Degasperis – Procesi 方程的激波解

其次，Degasperis – Procesi 方程的谱问题与 CH 方程也有本质不同[1,5]；另外，作为完全可积方程两者有完全不同形式的守恒律：

$$E_1 u = \int_{\mathbb{R}} m dx, \quad E_2 u = \int_{\mathbb{R}} m v dx, \quad E_3 u = \int_{\mathbb{R}} u^3 dx.$$

其中 $v = (4 - \partial_x^2)^{-1} u$.

最近，Novikov 从完全可积性出发，对 CH 方程和 DP 方程做了进一步的推广，得到了一系列广义的 Camassa – Holm 方程[14]. 这些方程在孤立子研究中有重要意义，并且有的方程在一定程度上描述了水波的运动[14]. 在 CH 方程和 DP 方程中只存在二次非线性项，有别于此，Novikov 还得到了一系列带有三次非线性项的广义 Camassa – Holm 方程，比较有代表性的是以其名字命名的 Novikov 方程：

$$(1 - \partial_x^2) u_t = 3 u u_x u_{xx} + u^2 u_{xxx} - 4 u^2 u_x.$$

Novikov 方程是完全可积的，也有双 – Hamiltonian 结构，并存在尖峰孤立子解[14]. 其尖峰孤立子解的形式为 $u(t,x) = \pm \sqrt{c} e^{-|x-ct|}$，其中 $c > 0$[15]，随着 c 变化孤立子解的峰值也会随之改变，如图 1 – 5 所示.

信毅学术文库

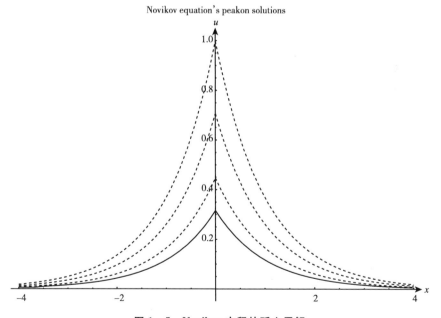

图 1 – 5　Novikov 方程的孤立子解

Novikov 方程有以下两个基本的守恒律：

$$H_1 u = \int_{\mathbb{R}} m dx, \quad H_2 u = \int_{\mathbb{R}} (u^2 + u_x^2) dx.$$

以浅水波为代表的振幅远远小于波长的模型物理上称其为长波，它在自然界及生活中广泛存在，甚至彼此之间有相似的运动规律，如 Camassa – Holm 方程同样适用于超弹性杆模型[16]，此时 u 表示径向的相对伸长量. 与之相对的，如果振幅大于波长我们称其为短波，此时 Camassa – Holm 等方程不再适用于描述这类模型. 短波方程中有著名的 Hunter – Saxton （H – S） 方程：

$$(u_t + uu_x)_x = \frac{1}{2} u_x^2 .$$

该方程首先是由 Hunter 和 Saxton 在研究非线性方向波在液晶场中的传播模型时提出来的[17]. 方程中 $u(t, x)$ 表示 t 时刻位于 x 处的液晶与波的传播方向的夹角. H – S 方程存在双 – Hamiltonian 结构[17,18]，因而是一个完全可积方程.

在自然界以及现代工程科学中，除了遇到长波与短波外，另一种极端情形是振幅远远大于波长，即物理中的脉冲模型. 描述这一模型的比较著名的方程为短脉冲 （short – pulse） 方程：

$$u_{xt} = u + \frac{1}{6} (u^3)_{xx} .$$

该方程最开始是在微分几何中研究伪球面时提出的[19]，后来由 Schäfer 和 Wayne 在研究超短光脉冲在非线性介质中传播时重新发现，事实上该方程是光脉冲传播的 Maxwell 方程逼近模型[20]. 短脉冲方程是完全可积的，有双 – Hamiltonian 结构[21]，存在光滑的孤立子解[22,23]. 另外，值得注意的是，短脉冲方程可以通过非线性变换转化成经典的 sine – Gordon 方程 $\theta_{xt} = \sin\theta$[24]，两者在很多方面都有相似之处. sine – Gordon 方程最早也是在研究伪球面的几何结构时提出的，并且和短脉冲方程一样，两者都有多种孤立子解.

1.2　问题的研究与发展

本节旨在介绍研究对象的发展与研究现状，主要分以下两个部分：

长波方程：两个广义的 Camassa – Holm 方程；

短波方程：色散 Hunter – Saxton 方程和单环脉冲方程.

（1）长波方程：第 2 章中我们研究一个广义的 Degasperis – Procesi 方程：

$$(1 - \partial_x^2)u_t = \partial_x(2 - \partial_x)(1 + \partial_x)u^2. \tag{1-1}$$

在［14］中，Novikov 对以下形式的非线性偏微分方程进行分类，考察了其中的可积模型：

$$(1 - \partial_x^2)u_t = F(u, u_x, u_{xx}, u_{xxx}),$$

其中 F 是一个二次或者三次齐次多项式. F 为二次时包含 Camassa – Holm，Degasperis – Procesi 等著名的方程，同时也给出了方程（1-1）. 因为在形式上方程（1-1）与 DP 方程：

$$(1 - \partial_x^2)u_t = \partial_x(4 - \partial_x^2)u^2 = \partial_x(2 - \partial_x)(2 + \partial_x)u^2$$

相似，故我们将方程（1-1）称为广义 Degasperis – Procesi 方程.

Degasperis – Procesi 方程是继 Camassa – Holm 方程之后人们广泛关注的浅水波方程. DP 方程在 Sobolev 空间 $H^s(\mathbb{R})$，$s > \dfrac{3}{2}$ 或者更精细的 Besov 空间中的局部适定性可以参考［25 – 27］，强解的整体存在性见［27 – 29］，［30，31］给出了强解在有限时间内爆破结果. 弱解方面，DP 方程存在尖峰孤立子解[5]，存在周期的尖峰孤立子解[32]. 特别地，DP 方程还有激波解[33]，周期的激波解[31]. 关于 DP 方程其他整体弱解的结果可以参考［29，30，32，34］.

对于 DP 方程的推广模型（1-1）目前的研究还比较少. Novikov 在［14］中指出方程（1-1）存在的第一个非平凡的高阶对称形式为：

$$u_\tau = D_x \frac{1}{(1 - D_x)u}.$$

最近，J. Li 和 Yin 在［35］中证明了方程（1-1）在 Besov 空间 $B_{p,r}^s$，$s > 1 + \dfrac{1}{p}$（或 $s = 1 + \dfrac{1}{p}$，$r = 1$，$p < \infty$）中的局部适定性. 在［35］中还给出了解在相应 Besov 空间中的爆破准则，最终利用该爆破准则在保号性 $(1 - \partial_x^2)u_0 \geq 0$ 的前提下得到了一个整体存在性结果.

第 3 章中我们研究一个带三次非线性项的广义 Camassa – Holm 方程：

$$(1 - \partial_x^2)u_t = (1 + \partial_x)(u^2 u_{xx} + u u_x^2 - 2u^2 u_x). \tag{1-2}$$

不同于 Degasperis – Procesi 方程和 Camassa – Holm 方程，Novikov 在［14］中

信毅学术文库

还导出了一系列带三次非线性项的完全可积方程（所谓的 cubic Camassa -
Holm 方程），有代表性的如：

$$(1 - \partial_x^2)u_t = 3uu_x u_{xx} + u^2 u_{xxx} - 4u^2 u_x,$$

后来人们将该方程称为 Novikov 方程. 该方程最近也逐渐受到大家关注.
事实上，Novikov 方程是完全可积的，具有双 - Hamiltonian 结构，并存在
精确的尖峰孤立子解 $u(t,x) = \pm \sqrt{c}e^{|x-ct|}, c > 0$ [15]，随着 c 变化孤立子解
的峰值也会随之改变，如图 1 - 5 所示. 另外，有关 Cauchy 问题也有大量
工作，在 Sobolev 空间或者 Besov 空间的局部适定性可参考［36 - 39］. 强
解的整体存在性可参考［36］，有限时间内爆破可参考［39］，以及弱解的
整体存在性可参考［40，41］.

作为 cubic Camassa - Holm 模型，学者们对方程（1 - 2）的研究还很
少，Novikov 在［14］中证明了方程（1 - 2）是完全可积的，其存在的第
一个非平凡的高阶对称形式为：

$$u_\tau = (vv_{xx} - 3v_x^2 - 2vv_x)v^{-7}, \quad v = u - u_x.$$

继我们给出了方程（1 - 2）在 Besov 空间的局部适定性和一个爆破结果之
后，Cui 和 Han 在［42］中研究了该方程解的无限传播速度和 $x \to \infty$ 时的
渐近性态.

（2）短波方程：第 4 章我们研究下列带色散项的 Hunter - Saxton 方程：

$$u_{xt} = u + 2uu_{xx} + u_x^2. \tag{1 - 3}$$

最近，Hone，Novikov 和 Wang 在［43］中证明上述方程是完全可积的. 方
程右端 u 为色散项，去掉该项再通过伸缩变换 $u \to \frac{1}{2}u$ 可变成 Hunter - Sax-
ton（H - S）方程：

$$(u_t + uu_x)_x = \frac{1}{2}u_x^2. \tag{1 - 4}$$

Hunter - Saxton 方程是描述液晶场的重要方程，其中 $u(x,t)$ 表示液晶
向列 t 时刻在 x 位置的角度函数。如图 1 - 6 所示，二维的液晶向列纹影，
由于液晶材料在现代电子显示设备中得到越来越广泛的应用，近年来
Hunter - Saxton 方程也越来越受到物理界和数学界的关注. 另外，Hunter -
Saxton 方程还有几何解释，两边对 x 再求一阶偏导数对应了无穷维常数正
曲率齐性空间中的测地流方程. Hunter - Saxton 方程存在双 - Hamiltonian 结

构[17,18]，是完全可积的[44,45]. H－S 方程在直线上或者圆上的 Cauchy 问题也有大量工作[17,46]. Yin 在 ［46］中研究了周期 Hunter－Saxton 方程，利用 Kato 方法得到了 Cauchy 问题在 $H^s(\mathbb{S})$，$s > \dfrac{3}{2}$ 中的局部适定性，并且证明了对于任意非零初值，H－S 方程的解都会在有限时间内爆破. H－S 方程整体解的相关结果可以参考 ［47］.

信毅学术文库

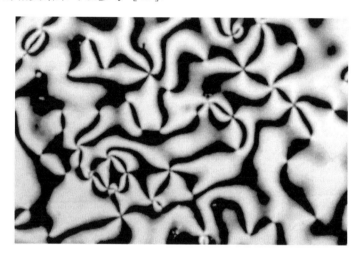

图 1－6　液晶向列的纹影

利用 Yin 在 ［46］中用到的 Kato 方法，我们研究了方程 （1－3）在周期边界下的 Cauchy 问题，并且发现其适定性空间要求积分均值为零. 另外，H－S 方程对所有非零初值都会产生爆破[46]，色散项的出现改变了这一特性，我们证明了方程 （1－3）存在光滑的行波解.

第 5 章中我们研究一个广义的短脉冲方程：

$$u_{xt} = u + \frac{1}{2}u(u^2)_{xx}. \tag{1-5}$$

最近，Sakovich 在 ［24］中指出方程 （1－5）可以转化成完全可积的非线性 Klein－Gordon 方程，这与下面有名的短脉冲（short－pulse）方程一致：

$$u_{xt} = u + \frac{1}{6}(u^3)_{xx}.$$

短脉冲方程在物理上是描述光脉冲在非线性介质中传播的方程，近年来在数学上也有大量的研究，包括它的 Lax 对 ［48，49］，与 sine－Gordon 方程之间的关系[22]，双 - Hamiltonian 结构和守恒律[21]，孤立子解以及周期条件下的孤立子解[22,23,50]. Schäfer 和 Wayne 给出了短脉冲方程在 $H^2(\mathbb{R})$ 空间中的局部适定性[20]，并证明其不存在光滑的行波解. Pelinovsky 和 Sakovich 利用一些守恒律得到了短脉冲方程的整体解[51]. Liu，Pelinovsky 和 Sakovich 研究了该方程的爆破问题[52].

方程（1-5）是短脉冲方程的推广，Sakovich 在 ［24］ 中得到了该方程的完全可积性，并证明其孤立子解最多不超过一个环结构，因而称其为单环脉冲方程. 与短脉冲方程一样，单环脉冲方程（1-5）也可以通过一个非线性变换转化成 sine - Gordon 方程，基于此，我们导出了一个高阶守恒量，利用该守恒量最终得到了单环脉冲方程（1-5）的一个整体解.

1.3　主要成果和创新点

（1）在第 2 章中本书对 J. Li 和 Yin 在 ［35］ 中关于方程（1-1）的结果进行了全面的推广. 有别于之前将方程（1-1）转化成关于 $m = (1 - \partial_x^2)u$ 的方程，本书主要考虑将其转化成 $v = (1 - \partial_x)u$ 的方程. 利用先验估计和关于变量 v 的保号性，本书得到一个更一般的整体解，推广了 ［35］ 中的结果. 此外，本书发现了一个新的守恒量 $\|v\|_{L^1}$，利用关于时间的 Bernoulli 方程得到一个爆破结果. 进一步，本书证明了关于 v 的一个局部 L^1 - 守恒律

$$\int_l^r |u - u_x|\, dx = \int_{l_0}^{r_0} |u_0 - u_{0,x}|\, dx,$$

其中 $l(t)$、$r(t)$ 是函数 $v = u - u_x$ 在 t 时刻的两个零点. 利用这一守恒律本书得到了一个更精确的爆破结果. 最后本书考虑该方程的弱解，再次利用 v 的 L^1 - 守恒，在不需要任何符号假定的前提下，得到了方程（1-1）在 $v_0 \in L^1 \cap BV$ 时弱解的整体存在性.

（2）在第 3 章中本书考虑 cubic Camassa - Holm 方程（1-2）的 Cauchy 问题. 与第 2 章的处理一样，本书首先将方程（1-2）转化成关于 $v = (1 - \partial_x)u$ 的方程. 运用 Littlewood - Paley 分解，本书证明了在高正则性的 Besov 空间 $B_{p,r}^s\left(s > 1 + \dfrac{1}{p}\right)$ 和临界 Besov 空间 $B_{p,1}^s\left(s = 1 + \dfrac{1}{p}\right)$ 中，方程

(1-2) 是在 Hadamard 意义下局部适定的. 接着本书得到了方程 (3-1) 强解的 H^1-守恒律, 以及关于 $v=(1-\partial_x)u$ 的保号性, 并最终利用这些性质得到一个爆破结果.

(3) 在第 4 章中本书研究了方程 (1-3) 在周期条件下的 Cauchy 问题. 为了建立起方程 (1-3) 在 $H^s(\mathbb{S}), s>\dfrac{3}{2}$ 中的局部适定性, 首先将方程投影到均值为 0 的函数空间中, 这样做是为了使微分的逆算子 $\partial_x^{-1}=\displaystyle\int_0^x$ 连续, 从而可以利用 Kato 半群方法得到局部适定性. 本书的方法在一定程度上适用于一般的含有混合偏导数的方程:

$$u_{xt} = F(u, u_x, u_{xx}).$$

接着导出了方程的一些重要的守恒律, 并利用这些守恒律来控制解的 H^1-范数. 进一步, 本书给出了方程 (1-3) 解的一个精确爆破准则, 运用该爆破准则得到一个爆破结果, 并且得到了这些解在接近临界时间的爆破率. 最后本书讨论方程 (1-3) 的行波解, 从而证明整体解的存在性. 基于方程 (1-3) 解的保号性, 本书将其转化成 sinh-Gordon 方程, 利用 sinh-Gordon 方程的行波解以及两方程周期之间的关系, 最终得到了方程 (1-3) 的行波解.

(4) 在第 5 章中本书研究单环脉冲方程 (1-5) 在周期条件下的 Cauchy 问题. 为了得到方程 (1-5) 在空间 $H^s(\mathbb{S}), s\geqslant 2$ 中的局部适定性, 首先将方程投影到均值为 0 的函数空间中, 再利用 Kato 方法得到局部适定性. 接着, 本书严格推导了方程 (1-5) 和 sine-Gordon 方程之间的等价关系, 并且给出了 sine-Gordon 方程一些基本的守恒律, 利用两方程之间的关系导出了方程 (1-5) 的一个高阶守恒量, 从而得到关于解的 H^2-范数的上界估计, 再由一个精确的爆破准则最终得到了一个整体存在性结果.

1.4　常用记号和命题

这一节本书引入一些常用的记号和命题, 有关细节和证明可以参考 [53, 54].

信毅学术文库

$L^p([0,T];X)$ 表示定义域为 $[0,T)$ 而值域为 Banach 空间 X 上的 p 次幂可积映射全体构成的 Banach 空间.

$$\| u \|_{L^p([0,T);X)} = \begin{cases} \left(\int_0^T \| u(x) \|_X^p dt \right)^{\frac{1}{p}} < \infty, & \text{当} 1 \leqslant p < \infty, \\ \underset{t \in [0,T)}{\text{esssup}} \| u(x) \|_X, & \text{当} p = \infty. \end{cases}$$

$$(1-6)$$

$C([0,T];X)$ 表示定义域为 $[0,T)$ 而值域为 Banach 空间 X 上的连续可微映射的全体构成的 Banach 空间.

$$\| u \|_{C([0,T);X)} = \sup_{t \in [0,T)} \{ \| u(t, \cdot) \|_X + \| u_t(t, \cdot) \|_X \}, \qquad (1-7)$$

$C_c^\infty(\mathbb{R}_+ \times \mathbb{R})$ 表示 $\mathbb{R}_+ \times \mathbb{R}$ 上具有紧支集的 C^∞ 函数在 $\mathbb{R}_+ \times \mathbb{R}$ 上的限制.

$\mathcal{D}'(\mathbb{R}_+ \times \mathbb{R})$ 表示 $C_c^\infty(\mathbb{R}_+ \times \mathbb{R})$ 的对偶空间.

$\mathcal{M}(\mathbb{R}^d)$ 为 Radon 测度组成的集合.

$\mathcal{M}^+(\mathbb{R}^d)$ 为具有非负测度的 Radon 测度组成的集合.

$BV(\mathbb{R})$ 为 $\mathbb{R}$ 上有界变差函数的全体构成的空间.

定义 1.4.1

$$L^p(\mathbb{R}^d) = \left\{ u \text{ 为可测函数}; \| u \|_{L^p(\mathbb{R}^d)} = \left(\int_{\mathbb{R}^d} | u(x) |^p dx \right)^{\frac{1}{p}} < \infty \right\},$$

$$(1-8)$$

其中 $1 \leqslant p < \infty$.

$$L^\infty(\mathbb{R}^d) = \left\{ u \text{ 为可测函数}; \| u \|_{L^\infty(\mathbb{R}^d)} = \underset{x \in \mathbb{R}^d}{\text{esssup}} | u(x) | < \infty \right\}.$$

$$(1-9)$$

$$B_{p,r}^s(\mathbb{R}^d) = \left\{ u \in S'; \| u \|_{B_{p,r}^s(\mathbb{R}^d)} = \| (2^{js} \| \Delta_j u \|_{L^p})_{j \in \mathbb{Z}} \|_{l^r(\mathbb{Z})} < \infty \right\},$$

$$(1-10)$$

其中 $s \in \mathbb{R}, (p,r) \in [1, \infty]^2$.

引理 1.4.2[53-55]   设 $s \in \mathbb{R}, 1 \leqslant p, r \leqslant \infty$. 则下面的性质成立:

(i) $B_{p,r}^s(\mathbb{R}^d)$ 是个 *Banach* 空间且连续嵌入 $S'(\mathbb{R}^d)$ ，其中 $S'(\mathbb{R}^d)$ 是 *Schwartz* 空间 $S(\mathbb{R}^d)$ 的对偶空间.

(ii) 设 $p, r < \infty$ ，则 $S(\mathbb{R}^d)$ 在 $B_{p,r}^s(\mathbb{R}^d)$ 中稠密.

(iii) 设 u_n 是空间 $B_{p,r}^s(\mathbb{R}^d)$ 中的有界序列，则存在一元素 $u \in$

$B^s_{p,r}(\mathbb{R}^d)$ 和一子列 u_{n_k} 满足:

在空间 $S'(\mathbb{R}^d)$ $\lim\limits_{k\to\infty} u_{n_k} = u$,

和

$$\|u\|_{B^s_{p,r}(\mathbb{R}^d)} \leqslant C \liminf\limits_{k\to\infty} \|u_{n_k}\|_{B^s_{p,r}(\mathbb{R}^d)}.$$

(iv) $B^s_{2,2}(\mathbb{R}^d) = H^s(\mathbb{R}^d)$.

引理 1.4.3[53-55]　乘积型估计.

(1) 对任意的正实数 s 和任意 (p,r) 属于 $[1,\infty]^2$, 空间 $L^\infty(\mathbb{R}^d) \cap B^s_{p,r}(\mathbb{R}^d)$ 是个代数, 且存在个常数 C 满足:

$$\|uv\|_{B^s_{p,r}(\mathbb{R}^d)} \leqslant C(\|u\|_{L^\infty(\mathbb{R}^d)} \|v\|_{B^s_{p,r}(\mathbb{R}^d)} + \|u\|_{B^s_{p,r}(\mathbb{R}^d)} \|v\|_{L^\infty(\mathbb{R}^d)}).$$

当 $s > \dfrac{d}{p}$ 或 $s = \dfrac{d}{p}, r = 1$ 时则有:

$$\|uv\|_{B^s_{p,r}(\mathbb{R}^d)} \leqslant C \|u\|_{B^s_{p,r}(\mathbb{R}^d)} \|v\|_{B^s_{p,r}(\mathbb{R}^d)}.$$

(2) (*Morse*-形式引理) 假若 $s > \max\left\{\dfrac{d}{p}, \dfrac{d}{2}\right\}$ 和 (p,r) 属于 $[1,\infty]^2$.

对任意 $u \in B^{s-1}_{p,r}(\mathbb{R}^d)$ 和 $v \in B^s_{p,r}(\mathbb{R}^d)$, 则存在个常数 C 满足:

$$\|uv\|_{B^{s-1}_{p,r}(\mathbb{R}^d)} \leqslant C \|u\|_{B^{s-1}_{p,r}(\mathbb{R}^d)} \|v\|_{B^s_{p,r}(\mathbb{R}^d)}.$$

(3) 对任意的 $u \in B^{-\frac{1}{2}}_{2,\infty}(\mathbb{R})$ 和 $v \in B^{\frac{1}{2}}_{2,1}(\mathbb{R})$, 则存在个常数 C 满足:

$$\|uv\|_{B^{-\frac{1}{2}}_{2,\infty}(\mathbb{R})} \leqslant C \|u\|_{B^{-\frac{1}{2}}_{2,\infty}(\mathbb{R})} \|v\|_{B^{\frac{1}{2}}_{2,1}(\mathbb{R})}.$$

命题 1.4.4[53]　对任意 $1 \leqslant p, r \leqslant \infty$ 以及 $s \in \mathbb{R}$,

$$\begin{cases} B^s_{p,r} \times B^{-s}_{p',r'} \longrightarrow \mathbb{R} \\ (u,\phi) \longmapsto \sum\limits_{|j-j'| \leqslant 1} \langle \Delta_j u, \Delta_{j'}\phi \rangle \end{cases}$$

定义了一个在 $B^s_{p,r} \times B^{-s}_{p',r'}$ 空间的双线性型. 记 $Q^{-s}_{p',r'}$ 为所有满足 $\phi \in S$ 且 $\|\phi\|_{B^{-s}_{p',r'}} \leqslant 1$ 的函数组成的集合. 假设 u 是一个缓增分布, 那么我们有:

$$\|u\|_{B^s_{p,r}} \leqslant C \sup\limits_{\phi \in Q^{-s}_{p',r'}} \langle u, \phi \rangle.$$

我们现在给出有关 Osgood 模的一些重要引理.

引理 1.4.5[53]　设 $\rho \geqslant 0$ 是个可测函数, $\gamma > 0$ 是个局部积分函数, 且 μ 是连续递增函数. 假设对某非负实数 c, 函数 ρ 满足:

$$\rho(t) \leqslant c + \int_{t_0}^t \gamma(t') \mu(\rho(t')) dt'.$$

当 $c > 0$ ，则 $\mathcal{M}(x) = \int_x^1 \dfrac{dr}{\mu(r)}$ 满足 $-\mathcal{M}(\rho(t)) + \mathcal{M}(c) \leqslant \int_{t_0}^t \gamma(t') dt'$.

当 $c = 0$ 且 μ 满足条件 $\int_0^1 \dfrac{dr}{\mu(r)} = +\infty$ ，则可得 $\rho = 0$.

接下来是输运方程在 Besov 空间中的一些重要结论，这在我们后面局部适定性的证明中经常用到．考虑下面方程：

$$\begin{cases} f_t + v \nabla f = g, \\ f \big|_{t=0} = f_0. \end{cases} \tag{1 - 11}$$

引理 1.4.6[53] （先验估计）设 $1 \leqslant p \leqslant p_1 \leqslant \infty$ ，$1 \leqslant r \leqslant \infty$ ，$s \geqslant -d \min\left(\dfrac{1}{p_1}, \dfrac{1}{p'}\right)$. $f \in L^\infty([0,T]; B_{p,r}^s(\mathbb{R}^d))$ 为满足 $\nabla v \in L^1([0,T]; B_{p,r}^s(\mathbb{R}^d) \cap L^\infty(\mathbb{R}^d))$ 的方程 $(1-11)$ 关于初值 $f_0 \in B_{p,r}^s(\mathbb{R}^d)$ 的解，且 $g \in L^1([0,T]; B_{p,r}^s(\mathbb{R}^d))$ ，我们可以得到以下结果．假若 $s \neq 1 + \dfrac{1}{p}$ 或 $r = 1$ ，

$$\| f(t) \|_{B_{p,r}^s(\mathbb{R}^d)} \leqslant \| f_0 \|_{B_{p,r}^s(\mathbb{R}^d)} + \int_0^t \big(\| g(t') \|_{B_{p,r}^s(\mathbb{R}^d)} +$$
$$CV'_{p_1}(t') \| f(t') \|_{B_{p,r}^s(\mathbb{R}^d)} \big) dt', \tag{1 - 12}$$

$$\| f \|_{B_{p,r}^s(\mathbb{R}^d)} \leqslant \big(\| f_0 \|_{B_{p,r}^s(\mathbb{R}^d)} + \int_0^t \exp(-CV_{p_1}(t')) \| g(t') \|_{B_{p,r}^s(\mathbb{R}^d)} dt' \big)$$
$$\exp(CV_{p_1}(t)), \tag{1 - 13}$$

其中，当 $s < 1 + \dfrac{d}{p_1}$ 时，$V_{p_1}(t) = \int_0^t \| \nabla v \|_{B_{p_1,\infty}^{\frac{d}{p_1}}(\mathbb{R}^d) \cap L^\infty(\mathbb{R}^d)} dt'$. 当 $s > 1 + \dfrac{d}{p_1}$ 或 $s = 1 + \dfrac{d}{p_1}, r = 1$ 时，$V_{p_1}(t) = \int_0^t \| \nabla v \|_{B_{p_1,r}^{s-1}(\mathbb{R}^d)} dt'$. 而 C 是个只依赖 s、p、p_1 和 r 的常数．

引理 1.4.7[56] 设 $1 \leqslant p \leqslant \infty$ ，$1 \leqslant r \leqslant \infty$ ，$\sigma > \max\left(\dfrac{1}{2}, \dfrac{1}{p}\right)$. $f \in L^\infty(0,T; B_{p,r}^\sigma(\mathbb{R}))$ 是满足 $v \in L^1(0,T; B_{p,r}^{\sigma+1}(\mathbb{R}))$ 的方程 $(1-11)$ 关于初值 $f_0 \in B_{p,r}^\sigma(\mathbb{R})$ 的解和 $g \in L^1(0,T; B_{p,r}^\sigma(\mathbb{R}^d))$ ，可得：

$$\| f \|_{B_{p,r}^{\sigma-1}(\mathbb{R})} \leqslant \big(\| f_0 \|_{B_{p,r}^{\sigma-1}(\mathbb{R})} + \int_0^t \exp(-CV(t')) \| g(t') \|_{B_{p,r}^{\sigma-1}(\mathbb{R})} dt' \big)$$
$$\exp(CV(t)), \tag{1 - 14}$$

其中 $V(t) = \int_0^t \| v \|_{B_{p,r}^{\sigma+1}(\mathbb{R})}$ 且 C 是个依赖于 σ, p 和 r 的常数．

引理 1.4.8 设 s 正如引理 1.4.7 所描述. 设 $f_0 \in B_{p,r}^s(\mathbb{R}^d)$, $g \in L^1([0,T];B_{p,r}^s(\mathbb{R}^d))$, 且 v 是依赖时间的向量场对某 $\rho > 1$ 和 $M > 0$ 满足 $v \in L^\rho([0,T];B_{\infty,\infty}^{-M}(\mathbb{R}^d))$, 和

当 $s < 1 + \dfrac{d}{p_1}$ 时, $\nabla v \in L^1([0,T];B_{p_1,\infty}^{\frac{d}{p}}(\mathbb{R}^d))$,

当 $s > 1 + \dfrac{d}{p_1}$ 时, 或当 $s = 1 + \dfrac{d}{p_1}$ 和 $r = 1$ 时, $\nabla v \in L^1([0,T];B_{p_1,\infty}^{s-1}(\mathbb{R}^d))$.

则有:

当 $r < \infty$ 时, 方程 $(1-11)$ 在空间 $\mathcal{C}([0,T];B_{p,r}^s(\mathbb{R}^d))$ 中有唯一解 f.

当 $r = \infty$ 时, 方程 $(1-11)$ 在空间 $(\cap_{s'<s}\mathcal{C}([0,T];B_{p,\infty}^{s'}(\mathbb{R}^d))) \cap \mathcal{C}_w([0,T];B_{p,\infty}^s(\mathbb{R}^d)))$ 中有唯一解 f.

下面引理在证明解对初值的连续依赖性时经常用到.

引理 1.4.9[35,57] 设 $1 \leqslant p \leqslant \infty$, $1 \leqslant r < \infty$, $\sigma > 1 + \dfrac{1}{p}\left(or \ \sigma = 1 + \dfrac{1}{p}, r = 1, 1 \leqslant p < \infty\right)$. 我们记 $\bar{\mathbb{N}} = \mathbb{N} \cup \{\infty\}$. 令 $\{v^n\}_{n \in \bar{\mathbb{N}}} \subset C([0,T];B_{p,r}^{\sigma-1})$.

假设 v^n 是下面方程的解:

$$\begin{cases} \partial_t v^n + a^n \partial_x v^n = f, \\ v^n \big|_{t=0} = v_0, \end{cases}$$

这里 $v_0 \in B_{p,r}^{\sigma-1}$, $f \in L^1(0,T;B_{p,r}^{\sigma-1})$, 并且存在 $\alpha \in L^1(0,T)$ 使得:

$$\sup_{n \in \bar{\mathbb{N}}} \| a^n \|_{B_{p,r}^\sigma} \leqslant \alpha(t).$$

如果在 $n \to \infty$ 时 $a^n \xrightarrow{L^1(0,T;B_{p,r}^{\sigma-1})} a^\infty$, 那么同样在 $n \to \infty$ 时我们有:

$$v^n \xrightarrow{\mathcal{C}([0,T];B_{p,r}^{\sigma-1})} v^\infty.$$

最后关于算子 $(1 \pm \partial_x)$ 在 Besov 空间的可逆性, 我们有下面引理.

引理 1.4.10 设 $(s,p,r) \in \mathbb{R} \times [1,\infty]^2$. 那么线性算子:

$$\begin{cases} B_{p,r}^{s+1}(\mathbb{R}) \to B_{p,r}^s(\mathbb{R}) \\ u \mapsto v = (1 \pm \partial_x)u, \end{cases}$$

是连续的, 并且存在连续的逆算子:

$$(1 + \partial_x)^{-1}v(x) = \int_{-\infty}^x e^{\xi-x}v(\xi)d\xi = e^+ \times v(x),$$

$$(1 - \partial_x)^{-1} v(x) = \int_x^\infty e^{x-\xi} v(\xi) d\xi = e^- \times v(x).$$

这里 $e^+ = e^{-x} \chi_{x>0}, e^- = e^x \chi_{x<0}$. 并且我们有下面等式:

$$\| (1 - \partial_x)^{-1} v \|_{H^s(\mathbb{R})} = \| v \|_{H^{s-1}(\mathbb{R})}, s \in \mathbb{R}.$$

证明: 令 u 是一个缓增分布,记 $v = u - u_x$,那么有:

$$\hat{v} = \mathcal{F}(u \pm \partial_x u) = (1 \pm i\xi) \hat{u}$$

在分布意义下成立. 由 Fourier 变换我们定义:

$$(1 - \partial_x)^{-1} v = \mathcal{F}^{-1}\left(\frac{\hat{v}}{1 \pm i\xi}\right) = \mathcal{F}^{-1}\left(\frac{1}{1 \pm i\xi}\right) * v = e^\pm \times v.$$

根据上面等式,$(1 \pm \partial_x)$ 的连续性和可逆性可以从 Besov 空间的定义参见 [58] 直接得到. 特别地, 在 Sobolev 空间中我们有 $\| (1 - \partial_x)^{-1} v \|_{H^s(\mathbb{R})}^2 = \int_{\mathbb{R}} (1 + \xi^2)^s \left| \frac{\hat{v}}{1 \pm i\xi} \right|^2 d\xi = \int_{\mathbb{R}} (1 + \xi^2)^{s-1} | \hat{v} |^2 d\xi = \| v \|_{H^{s-1}(\mathbb{R})}^2.$

证毕. $\square$

第 2 章 广义 Degasperis – Procesi
方程的强解和弱解

2.1 引论

本章我们主要研究广义 Degasperis – Procesi 方程：

$$\begin{cases} (1 - \partial_x^2)u_t = \partial_x(2 - \partial_x)(1 + \partial_x)u^2, \ t > 0, \\ u(x,0) = u_0(x). \end{cases} \qquad (2-1)$$

在 Sobolev 空间中的 Cauchy 问题，主要包括强解的整体存在性、强解在有限时间内爆破、弱解的整体存在性等问题。如果我们定义：

$$v = (1 - \partial_x)u, t \geqslant 0,$$

那么方程 (2-1) 可以转化成更简单的形式：

$$\begin{cases} \partial_t v = \partial_x(2uv), & t > 0, \\ u = (1 - \partial_x)^{-1}v, & t \geqslant 0, \\ v(x,0) = (1 - \partial_x)u_0(x). \end{cases} \qquad (2-2)$$

这里 $(1 - \partial_x)^{-1}$ 定义为 $(1 - \partial_x)^{-1}v = (e^{-|\cdot|}\chi_{R_-}) \times v$（见引理 1.4.9）.

目前，方程 (2-1) 在 Besov 空间中的局部适定性和一个整体存在性结果已经由 Li 和 Yin 在 [35] 得到. 本章我们将从另一个角度来分析该方程，有别于 [35] 中将方程 (2-1) 转化成关于 $m = (1 - \partial_x^2)u$ 的方程，我们主要考虑关于 $v = (1 - \partial_x)u$ 的方程 (2-2).

本章安排如下：2.2 节，我们回顾 Li 和 Yin 在 [35] 中已有的适定性结果和一些重要的引理. 2.3 节中，利用先验估计和关于变量 $v = u - u_x$ 的

保号性，我们得到一个更一般的整体存在性结果. 2.4 节我们主要研究方程 (2-1) 强解的爆破，利用新的守恒量 $\|v\|_{L^1}$，最后由关于时间的 Bernoulli 方程得到一个爆破结果；进一步，我们导出解 v 的一个局部 L^1 - 守恒性质，利用这个守恒性质我们可以去掉 $v_0 \in L^1$ 的限制，从而得到一个更精确的爆破结果. 2.5 节，再次运用 v 的 L^1 - 守恒，在不需要任何符号假定的前提下，我们得到了方程 (2-2) 在空间 $L^1 \cap BV$ 中整体弱解的存在性.

2.2　强解的局部适定性

作为研究的基础，首先回顾 J. Li 和 Yin 在 [35] 中得到的关于方程 (2-1) 在 Besov 空间中的适定性结论. 根据引理 1.4.9，我们知道方程 (2-2) 和方程 (2-1) 是等价的，相似的结果对应于方程 (2-2) 也成立，后面将不再赘述. 现在对解的存在空间作如下定义.

定义 2.2.1　令 $T > 0, s \in \mathbb{R}$ 以及 $1 \leqslant p \leqslant \infty, 1 \leqslant r \leqslant \infty$. 我们定义：

$$E_{p,r}^s(T) \triangleq \begin{cases} \mathcal{C}([0,T];B_{p,r}^s) \cap \mathcal{C}^1([0,T];B_{p,r}^{s-1}), & if\ r < \infty, \\ \mathcal{C}_w([0,T];B_{p,\infty}^s) \cap \mathcal{C}^{0,1}([0,T];B_{p,\infty}^{s-1}), & if\ r = \infty. \end{cases}$$

主要的适定性结论包含在如下定理中.

定理 2.2.2[35]　设 $1 \leqslant p, r \leqslant \infty, s > 1 + \dfrac{1}{p} \left(or\ s = 1 + \dfrac{1}{p}, r = 1, 1 \leqslant p < \infty \right)$ 以及 $u_0 \in B_{p,r}^s$. 那么存在时间 $T > 0$ 使得方程 (2-1) 存在唯一解 $u \in E_{p,r}^s(T)$.

定理 2.2.2 给出的解对初值具有连续依赖性，更确切地说，在 [35] 中有下面定理.

定理 2.2.3[35]　给定 p, r, s 满足定理 2.2.2 的假设，设 $u_0 \in B_{p,r}^s$，以及 $n \in \bar{\mathbb{N}} \triangleq \mathbb{N} \cup \infty$. $u^n \in \mathcal{C}([0,T];B_{p,r}^s)$ 是方程 (2-1) 以 $u_0^n \in B_{p,r}^s$ 为初值的解. 如果在空间 $B_{p,r}^s$ 中 $u_0^n \to u_0^\infty$，那么 u^n 在空间 $\mathcal{C}([0,T];B_{p,r}^s)$ 中趋于 u^∞，（这里 $r < \infty$，相应的，在 $r = \infty$ 时空间为 $\mathcal{C}_w([0,T];B_{p,r}^s)$），其中 $T >$

0 满足 $4C^2 \sup\limits_{n \in \bar{\mathbb{N}}} \| v_0^n \|_{B_{p,r}^s} T < 1$.

另外，Li 和 Yin 在 [35] 中给出了方程 (2 – 1) 的一个强解的爆破准则. 设 $T_{u_0}^*$ 是方程 (2 – 1) 以 u_0 为初值的解的极大存在时间，我们有下面定理.

定理 2.2.4[35] 令 $1 \leqslant p, r \leqslant \infty, s > 1 + \dfrac{1}{p} \left(or \ s = 1 + \dfrac{1}{p}, r = 1, 1 \leqslant p < \infty \right), u$ 是方程 (2 – 1) 由定理 2.2.2 给出的以 $u_0 \in B_{p,r}^s$ 为初值的解. 如果 $T_{u_0}^*$ 有限，那么：

$$\int_0^{T_{u_0}^*} \| \partial_x u(t') \|_{L^\infty} dt' = \infty.$$

2.3 强解的整体存在性

首先引入下面的单边先验估计，在符号条件下，这对我们的整体解结果尤为重要.

引理 2.3.1 令 $u_0(x) \in H^s, s > \dfrac{3}{2}$，假设方程 (2 – 1) 以 $v_0(x)$ 为初值的解的极大存在时间为 T. 那么下面不等式对任意奇数 $p \geqslant 1$ 都成立：

$$\int_{\mathbb{R}} u^p(t) dx \leqslant \int_{\mathbb{R}} u_0^p dx, \quad t \in [0, T).$$

证明：方程 (2 – 1) 两边与 $Q(x) := \dfrac{1}{2} e^{-|x|}$ 作卷积，即作用 Fourier 算子 $(1 - \partial_x^2)^{-1}$. 我们得到关于 u 的方程：

$$u_t = (u^2)_x + \partial_x (1 - \partial_x)^{-1} u^2. \tag{2 – 3}$$

设 $p = 2n + 1$，这里 n 是非负整数，方程 (2 – 3) 两边和 u^{2n} 作 L^2 内积，我们记 $w = (1 - \partial_x)^{-1} u^2 = e^- \times u^2$，那么有：

$$\frac{1}{2n+1} \frac{d}{dt} \int_{\mathbb{R}} u^{2n+1} dx = \int_{\mathbb{R}} 2u^{2n+1} u_x dx + \int_{\mathbb{R}} u^{2n} \partial_x (1 - \partial_x)^{-1} u^2 dx$$

$$= \int_{\mathbb{R}} u^{2n} \partial_x (1 - \partial_x)^{-1} u^2 dx$$

$$= \int_{\mathbb{R}} (w - w_x)^n w_x dx$$

$$= \int_{\mathbb{R}} ((w - w_x)^n - w^n) w_x dx, \qquad (2-4)$$

这里我们用到了 $\int_{\mathbb{R}} 2u^{2n+1} u_x dx = \int_{\mathbb{R}} w^n w_x dx = 0$. 根据定义 $w = e^- \times u^2 \geq 0$, 以及 $w - w_x = u^2 \geq 0$, 容易验证 $\mathrm{sgn}((w - w_x)^n - w^n) = -\mathrm{sgn}\, w_x$, 基于此, 我们有:

$$((w - w_x)^n - w^n) w_x(t,x) \leq 0, \quad (t,x) \in [0,T] \times \mathbb{R}.$$

将式 (2-4) 两边从 0 到 t 积分, 得到:

$$\int_{\mathbb{R}} u^p(t) dx \leq \int_{\mathbb{R}} u_0^p dx, \quad t \in [0,T].$$

特别的, 当 $n = 0$ 时, 由式 (2-4) 我们有下面守恒律:

$$\int_{\mathbb{R}} u(t) dx = \int_{\mathbb{R}} u_0 dx, \quad t \in [0,T]. \qquad (2-5)$$

$\square$

虽然引理 2.3.1 只给出了积分 $\int u^p dx$ 的单边估计, 考虑到如果 $u(t)$ 保持非负, 我们可以立刻得到 u 的 L^p – 估计. 这启发我们证明 u 的保号性质. 现在, 我们先给出方程 (2-1) 的一个更精确的爆破准则.

引理 2.3.2 令 $u_0(x) \in H^s, s \geq 3$, 假设方程 (2-1) 以 $u_0(x)$ 为初值的解的极大存在时间为 T. 那么对应的解 $u(x,t)$ 在有限时间内爆破, 当且仅当:

$$\limsup_{t \uparrow T} \sup_{x \in \mathbb{R}} u_x(x,t) = +\infty.$$

证明: 根据标准的稠密性讨论, 我们只考虑 $u \in C_0^\infty$ 的情形. 注意在 [35] 中已经有爆破准则 2.2.4, 下面推导将用到. 首先我们计算 v 的 L^2 范数.

$$\frac{d}{dt} \| v \|_{L^2}^2 = \int_{\mathbb{R}} 2vv_t dx = \int_{\mathbb{R}} 4v(uv)_x dx = -4\int_{\mathbb{R}} uvv_x dx = \int_{\mathbb{R}} 2u_x v^2 dx$$

假设 u_x 在 $[0,T) \times \mathbb{R}$ 中有上界 M. 应用 Gronwall 不等式, 我们有:

$$\| v(t) \|_{L^2}^2 \leq e^{2Mt} \| v_0 \|_{L^2}^2, \quad t \in [0,T].$$

根据 Sobolev 嵌入 $H^1(\mathbb{R}) \hookrightarrow L^\infty$, 可得:

$$\| u(t) \|_{L^\infty} \leq \sqrt{2} \| u(t) \|_{H^1} = \sqrt{2} \| v(t) \|_{L^2} \leq \sqrt{2} e^{Mt} \| v_0 \|_{L^2}, t \in [0,T].$$

$$(2-6)$$

方程（2 – 2）两边同时对 x 求导，并与 $2v_x$ 作 L^2 内积，再由分部积分可得：

$$\frac{d}{dt}\parallel v_x \parallel_{L^2} = \int_{\mathbb{R}} 2v_x \partial_t v_x dx$$

$$= \int_{\mathbb{R}} 4v_x (uv)_{xx} dx$$

$$= \int_{\mathbb{R}} 4v_x (u_{xx}v + 2u_x v_x + uv_{xx}) dx$$

$$= \int_{\mathbb{R}} 4v_x (u_x v - v_x v + 2u_x v_x + uv_{xx}) dx$$

$$= \int_{\mathbb{R}} 4uvv_x dx + \int_{\mathbb{R}} (10u_x - 4u) v_x^2 dx$$

$$\leqslant 4 \parallel u \parallel_{L^\infty} \parallel v \parallel_{L^2} \parallel v_x \parallel_{L^2} + (10M + 4 \parallel u \parallel_{L^\infty}) \parallel v_x \parallel_{L^2}^2$$

$$\leqslant (10M + 4\sqrt{2} e^{2Mt} \parallel v_0 \parallel_{L^2})(\parallel v_0 \parallel_{L^2} \parallel v_x \parallel_{L^2} + \parallel v_x \parallel_{L^2}^2).$$

$$(2 - 7)$$

解微分不等式（2 – 7），从而得到：

$$\parallel v_x(t) \parallel_{L^2} + \parallel v_0 \parallel_{L^2} \leqslant \exp\left(5Mt + \frac{\sqrt{2} \parallel v_0 \parallel_{L^2}}{M}(e^{2Mt} - 1)\right)$$

$$(\parallel \partial_x v_0 \parallel_{L^2} + \parallel v_0 \parallel_{L^2}).$$

结合（2 – 6）与上式，可得：

$$\parallel v(t) \parallel_{H^1} \leqslant 2\exp\left(5Mt + \frac{\sqrt{2} \parallel v_0 \parallel_{L^2}}{M}(e^{2Mt} - 1)\right) \parallel v_0 \parallel_{H^1}, t \in [0, T).$$

如果极大存在时间 $T < \infty$，由上面不等式我们有：

$$\parallel u_x(t) \parallel_{L^\infty} \leqslant \sqrt{2} \parallel v(t) \parallel_{H^1} \leqslant C(\parallel v_0 \parallel_{L^2}, T) \parallel v_0 \parallel_{H^1}.$$

这与定理 2.2.4 矛盾. 换言之，如果极大存在时间 $T < \infty$，我们有：

$$\limsup_{t \uparrow T} \sup_{x \in \mathbb{R}} u_x(x, t) = + \infty.$$

证毕. □

方程（2 – 2）的解具有保号性，这对我们整体解的构造有很重要的作用.

引理 2.3.3　给定 $v_0 \in H^1$，设 T 是方程（2 – 2）以 $v_0(x)$ 为初值的解的极大存在时间. 另外，如果 $v_0(x) \geqslant 0$ 对所有 $x \in \mathbb{R}$ 均成立. 那么：

$$v(t, x) \geqslant 0 \text{ 以及 } u(t, x) \geqslant 0,$$

对所有 $(t, x) \in [0, T) \times \mathbb{R}$ 均成立.

信毅学术文库

证明：我们将在 Lagrangian 坐标下证明该引理，考虑如下初值问题：

$$\begin{cases} \dfrac{d}{dt}q(t,x) = -2u(t,q(t,x)), & t \in [0,T], x \in \mathbb{R}, \\ q(x,0) = x, x \in \mathbb{R}. \end{cases} \tag{2-8}$$

根据标准的常微分方程理论，式（2-8）存在唯一解 $q \in C^1([0,T] \times \mathbb{R};$ $\mathbb{R})$. 并且 $q(t,\cdot)$ 是 $\mathbb{R}$ 上的一个单调递增的微分同胚：

$$q_x(t,x) = \exp\left(-\int_0^t 2u_x(s,q(s,x))ds\right) > 0, \forall (t,x) \in [0,T] \times \mathbb{R}.$$

由式（2-8）可以导出，对固定的 $x \in \mathbb{R}$,

$$\frac{d}{dt}v(t,q(t,x)) = v_t(t,q(t,x)) + v_x(t,q(t,x))q_t(t,x)$$

$$= (v_t - 2uv_x)(t,q)$$

$$= 2u_x v(t,q(t,x)).$$

由此解得：

$$v(t,q) = v_0(x)\exp\left(\int_0^t 2u_x(\tau,q(\tau,x))d\tau\right). \tag{2-9}$$

假定 $v_0 \geq 0$，由于 $q(t,\cdot)$ 是一个单增的微分同胚，我们得到 $v(t,x) \geq 0$ 对任意 $(t,x) \in [0,T] \times \mathbb{R}$ 都成立. 另外，根据引理 1.4.9，我们有：

$$u(t,x) = (1 - \partial_x)^{-1}v(t,x) = \int_x^{\infty} e^{x-\xi}v(t,\xi)dx, \tag{2-10}$$

因为 $v(t,x) \geq 0$，所以 $u(t,x) \geq 0$，对任意 $(t,x) \in [0,T] \times \mathbb{R}$ 都成立.

证毕. $\qquad\qquad\qquad\qquad\qquad\qquad\qquad\qquad\qquad\qquad$ $\square$

下面是我们本节整体解的主要结果.

定理 2.3.4 设 $u_0 \in H^s, s > \dfrac{3}{2}$，以及 $v_0 = (1 - \partial_x)u_0 \geq 0$，那么方程 (2-2) 存在唯一的整体解 $u(t) \in C(\mathbb{R}^+, H^s(\mathbb{R})) \cap C^1(\mathbb{R}^+, H^{s-1}(\mathbb{R}))$.

证明：由常规的稠密性讨论（见 [35]），我们只需要考虑 $s \geq 3$ 的情形. 由之前引理 2.3.2 给出的爆破准则，如果要得到整体解，我们只需要控制住 u_x 的上界. 根据假设 $v_0 = (1 - \partial_x)u_0 \geq 0$，由引理 2.3.3 我们知道方程（2-2）以 v_0 为初值的解 $v(t)$ 满足：

$$v(t,x) = u(t,x) - u_x(t,x) \geq 0, \text{ 及 } u(t,x) \geq 0, (t,x) \in [0,T^*) \times \mathbb{R}.$$

$$\tag{2-11}$$

这里 T^* 是解 $v(t)$ 的极大存在时间. 将 Fourier 算子 $(1 - \partial_x)^{-1}$ 作用于方程

(2 - 1) 两边（由于 $\mathscr{F}^{-1}(1 - i\xi)^{-1}) = -\frac{1}{2}e^{-|x|}\operatorname{sgn} x = P(x)$，因此等价于

方程两边与 P 作卷积），我们得到关于 u_x 的方程：

$$\partial_t u_x = 2uu_{xx} - 2u_x(u - u_x) + 2\int_x^\infty e^{x-y}(uu_x)(y)dy. \qquad (2 - 12)$$

在 $s \geqslant 3$ 时由定理 2.2.2 可知 $u \in C^1([0,T];H^2)$. 从而根据引理 3.3.6，至

少存在一点 $\xi(t) \in \mathbb{R}$，使得 $\sup\limits_{x \in \mathbb{R}} u_x(x,t) = u_x(\xi(t),t) := w(t)$. 从以上等

式（2 - 12）和式（2 - 11），我们得到：

$$\frac{dw}{dt} = 2uu_{xx}(t,\xi(t)) - 2u_x(u - u_x)(t,\xi(t)) + 2\int_{\xi(t)}^\infty e^{\xi(t)-y}(uu_x)(y)dy$$

$$\leqslant -2w(t)v(t,\xi(t)) + 2\int_{\xi(t)}^\infty e^{\xi(t)-y}u^2(y)dy$$

$$\leqslant 2(e^- * u^2)(\xi)$$

$$\leqslant 2\|e^-\|_{L^3}\|u^2(t)\|_{L^{3/2}}$$

$$\leqslant 2\|u_0\|_{L^3}^2$$

$$\leqslant C\|u_0\|_{H^1}^2, \qquad (2 - 13)$$

这里我们利用了引理 2.3.1，以及不等式 $w(t) = \sup\limits_{x \in \mathbb{R}} u_x(x,t) \geqslant 0, v(t,$

$\xi(t)) \geqslant 0$. 从不等式（2 - 13）我们可以得到 $w(t)$ 与 T 无关的上界，即：

$$w(t) \leqslant w(0) + C\|u_0\|_{H^1}^2 T \leqslant C(\|u_0\|_{H^2} + \|u_0\|_{H^1}^2 T), t \in [0,T),$$

根据引理 2.3.2，这蕴含了 $T^* = \infty$.

证毕. □

注 2.3.5 定理 2.3.4 得到的结果包含并且强于之前［35］中的整体

解结果. 如果我们记 $m = (1 - \partial_x^2)u$，那么：

$$u - \partial_x u = (1 + \partial_x)^{-1}(1 - \partial_x^2)u = \int_{-\infty}^x e^{\xi-x}m(\xi)d\xi,$$

$$u + \partial_x u = (1 - \partial_x)^{-1}(1 - \partial_x^2)u = \int_x^\infty e^{x-\xi}m(\xi)d\xi.$$

事实上从上式可以看出，［35］中的整体解需要的条件 $m_0 \geqslant 0$ 蕴含了 $-u_0 \leqslant$

$\partial_x u_0 \leqslant u_0$，即要求斜率 $\partial_x u_0$ 上下的界同时被 u_0 控制. 但是在定理 2.3.4 中，

我们的条件 $v_0 \geqslant 0$ 等价于 $\partial_x u_0 \leqslant u_0$，换言之，我们只要求 $\partial_x u_0$ 有上界，而

对下界不做要求.

2.4 爆破

本节我们将研究方程（2-1）解的波裂现象．我们旨在构造一些光滑的初始函数使得方程对应的解在有限时间内产生奇性，亦即 $\partial_x u$ 趋于 ∞ 这对应地描述了物理中的波裂现象．

以下引理给出了方程（2-1）的一个新的守恒律，这是本节的关键，也是我们后续研究的基础．

引理 2.4.1 设 $v_0 \in H^s \cap L^1, s \geqslant 2$. 那么方程（2-1）以 v_0 为初值的解 v 满足守恒律：

$$\| v(t) \|_{L^1} = \| v_0 \|_{L^1}, \ t \in [0, T).$$

证明： 我们首先回顾关于 v 的方程：

$$\begin{cases} v_t = 2u_x v + 2uv_x, & t > 0, \\ v(x, 0) = (1 - \partial_x)u_0(x). \end{cases}$$

如果 $v_0 \geqslant 0$，由引理 2.3.3 可知 $v(t) \geqslant 0, t \in [0, T^*)$. 上面第一个方程对 x 在 $\mathbb{R}$ 上积分，我们有：

$$\frac{d}{dt}\| v \|_{L^1} = \int_{\mathbb{R}} v_t dx = \int_{\mathbb{R}} (2u_x v + 2uv_x) dx = 0.$$

即，在保号条件下我们得到了 v 的 L^1 - 守恒性质．下面我们将去掉这个符号限制．给定 $\delta > 0$，设 η_δ 是函数 $\eta = | \cdot |$ 的一个凸的光滑逼近，如图 2-1 所示，不妨设：

$$\eta_\delta(s) = \begin{cases} -\dfrac{s^4}{8\delta^3} + \dfrac{3 s^2}{4\delta} + \dfrac{3\delta}{8}, & | s | \leqslant \delta, \\ | s |, & | s | > \delta. \end{cases}$$

方程（2-2）乘以 $\eta_\delta'(v)$，那么：

$$\partial_t \eta_\delta(v) = 2u_x v \eta_\delta'(v) + 2u\partial_x \eta_\delta(v).$$

取极限 $\delta \to 0$，我们有：

$$\partial_t | v | = 2u_x | v | + 2u\partial_x | v |. \tag{2-14}$$

现在式（2-14）对 x 在 $\mathbb{R}$ 上积分，得：

$$\frac{d}{dt}\int_{\mathbb{R}} | v | dx = \int_{\mathbb{R}} \partial_x(2u | v |) dx = 0.$$

证毕. □

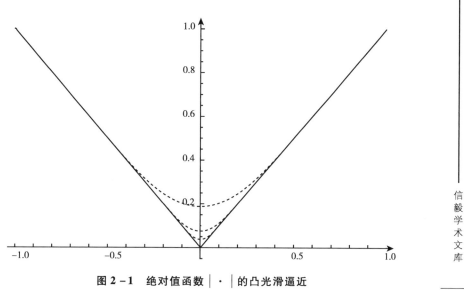

图 2-1 绝对值函数 $|\cdot|$ 的凸光滑逼近

现在我们给出第一个爆破结果.

定理 2.4.2 设 $v_0 \in H^s \cap L^1, s \geq 2$. 如果 $\inf\limits_{x \in \mathbb{R}} v_0(x) < -\parallel v_0 \parallel_{L^1}$. 那么方程 （2-2） 对应的解 v 在有限时间内爆破.

证明： 首先，我们考虑 v 沿着 $-2u$ 的流线 $q(t,x)$ 的微分 ［见式 （2-8）］. 根据方程 （2-2） 并利用关系 $v = u - u_x$，可以得到：

$$\partial_t(v(t,q(t,x))) = v_t(t,q) - 2u(t,q)v_x(t,q)$$
$$= 2u_x v(t,q)$$
$$= (2uv - 2v^2)(t,q(t,x)).$$

我们记 $\tilde{v}(t,x) = v \circ q = v(t,q(t,x))$, $\tilde{u}(t,x) = u(t,q(t,x))$, 考虑到 $q(0,x) = x$, 所以上面的方程可以写成：

$$\begin{cases} \partial_t \tilde{v} - 2\widetilde{uv} + 2\tilde{v}^2 = 0, \\ \tilde{v}(0,x) = v_0(x). \end{cases} \tag{2-15}$$

现在，我们暂时固定空间变量 $x \in \mathbb{R}$, 那么式 （2-15） 变成是关于 $\tilde{v}(t)$ 的常微分方程. 事实上，如果视 $\tilde{u}(t)$ 为已知系数，式 （2-15） 是一个 Bernoulli 方程，它的解为：

$$\tilde{v}(t) = \frac{v_0 \exp\int_0^t 2\tilde{u}d\tau}{1 + v_0 \int_0^t 2\exp\left(\int_0^{t'} 2\tilde{u}d\tau\right)dt'},$$

或者，考虑上空间变量 x，关于 v 我们有下面表达式：

$$v(t,q(t,x)) = \frac{v_0(x)\exp\int_0^t 2u(\tau,q(\tau,x))d\tau}{1 + v_0(x)\int_0^t 2\exp\left(\int_0^{t'} 2u(\tau,q(\tau,x))d\tau\right)dt'}, (t,x) \in [0,T) \times \mathbb{R}.$$

$$(2-16)$$

根据假定，存在 $x_0 \in \mathbb{R}$ 使得 $v_0(x_0) = \inf\limits_{x \in \mathbb{R}} v_0 = -\delta < 0$. 由表达式（2-16），如果可以得到 $\exp\int_0^t 2u(\tau,q)d\tau$ 关于时间一致的正下界，那么在点 $x = x_0$ 处，我们不难导出一个爆破结果. 确切地说，我们可以让分子远离 0 点的同时令分母趋于 0.

根据引理 2-8，我们知道映射 $q(t,\cdot)$ 是 $\mathbb{R}$ 上的一个单调递增的微分同胚. 下一步，从引理 2.4.1 出发，我们能够得到 $u(\tau,q(t,x))$ 的下界，由于

$$\begin{aligned}
\inf\limits_{x \in \mathbb{R}} u(t,q(t,x)) &= \inf\limits_{x \in \mathbb{R}} u(t,x) \\
&\geq -\|u(t)\|_{L^\infty} \\
&= -\|e^- \times v(t)\|_{L^\infty} \\
&\geq -\|v(t)\|_{L^1} \\
&\geq -\|v_0\|_{L^1}.
\end{aligned}$$

我们记 $\|v_0\|_{L^1} = k$，那么有：

$$\inf\limits_{x \in \mathbb{R}} \exp\int_0^t 2u(\tau,q(\tau,x))d\tau \geq e^{-2kt} > 0. \qquad (2-17)$$

这样，在极小值点 $x = x_0$ 上把式（2-17）代入式（2-16），我们得到：

$$\begin{aligned}
v(t,q(t,x_0)) &= \frac{-\delta\exp\int_0^t 2u(\tau,q)d\tau}{1 - \delta\int_0^t 2\exp\left(\int_0^{t'} 2u(\tau,q)d\tau\right)dt'} \\
&\leq \frac{-\delta e^{-2kt}}{1 - \delta\int_0^t 2e^{-2kt'}dt'} \\
&= \frac{-\delta e^{-2kt}}{1 - \dfrac{\delta}{k}(1 - e^{-2kt})}
\end{aligned}$$

$$= \frac{-\delta k}{\delta - k} \cdot \frac{1}{\dfrac{\delta}{\delta - k} - e^{2kt}}. \tag{2-18}$$

由于已经假定 $\delta = -\inf\limits_{x \in \mathbb{R}} v_0(x) > \| v_0 \|_{L^1} = k > 0$，那么我们有：

$$v(t, q(t, x_0)) \leqslant \frac{-k}{\dfrac{\delta}{\delta - k} - e^{2kt}} \rightarrow -\infty,$$

爆破时间为：

$$t \rightarrow \frac{1}{2k} \ln \frac{\delta}{\delta - k} \tag{2-19}$$

证毕. □

下面我们给出引理 2.4.1 的一个局部形式.

引理 2.4.3（局部 L^1 – 守恒） 设 $v_0 \in H^s, s \geqslant 2, v(t, x)$ 是方程 $(2-2)$ 以 v_0 为初值的解，$T > 0$ 是解的极大存在时间. 现在令 $(l_0, r_0) \subset \mathbb{R}$ 是使得 $v_0(x)$ 保持符号的一个极大开区间（i.e. 在区间 (l_0, r_0) 上 $v_0(x) > 0$ 或 $v_0(x) < 0$，见图 2-2）. 设 $l(t), r(t)$ 分别是 l_0, r_0 沿着 $-2u$ 产生的流 q 的轨迹，根据式 $(2-8)$ 的定义有：

$$l(t) = q(t, l_0), \quad r(t) = q(t, r_0), \quad t \in [0, T].$$

那么，我们断言 $(l(t), r(t)) \subset \mathbb{R}$ 是使 $v(t, x)$ 保号的一个极大开区间，更重要地，我们有：

$$\int_{l(t)}^{r(t)} v(t, x) \, dx = \int_{l_0}^{r_0} v_0(x) \, dx, \quad t \in [0, T]. \tag{2-20}$$

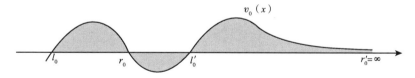

图 2 – 2 局部 L^1 – 守恒

证明： 我们分三种情形证明该引理.

情形一 $l_0 = -\infty, r_0 = \infty$，即对 $x \in \mathbb{R}$ 都有 $v_0(x) > 0$（或 $v_0(x) < 0$）. 根据引理 2.3.3，我们有 $l(t) = -\infty, r(t) = \infty$，以及 $v(t, x) > 0$（或 $v(t, x) < 0$）在 $(0, T) \times \mathbb{R}$ 上都成立. 再由引理 2.3.1 中的式 $(2-5)$ 可知式 $(2-20)$ 成立.

情形二　$l_0 = -\infty, r_0 < \infty$，（或 $l_0 > -\infty, r_0 = \infty$，见图 2 - 2），不失一般性，我们可以假设当 $x < r_0$ 时 $v_0(x) > 0$ 以及 $v_0(r_0) = 0$. 回顾引理 2.3.3 中的式（2 - 9），对 $x < r_0$ 我们有：

$$v(t, q(t,x)) = e^{-\int_0^t 2u_x(q) d\tau} v_0(x) > 0.$$

由于 $q(t, \cdot)$ 是 $\mathbb{R}$ 上的一个单调递增的微分同胚，那么对所有 $y < r(t) = q(t, r_0)$ 都有 $x = q^{-1}(y) < r_0$，所以 $v(t,y) = v(t, q(t,x)) > 0$. 以及有：

$$v(t, r(t)) = v(t, q(t, r_0)) = e^{-\int_0^t 2u_x(q) d\tau} v_0(r_0) \equiv 0. \qquad (2 - 21)$$

因此 $(-\infty, r(t))$ 是使 $v(t,x) > 0$ 成立的一个极大开区间. 再者，式（2 - 20）左边对 t 求导，利用式（2 - 2）、式（2 - 21）我们有：

$$\begin{aligned}
\frac{d}{dt} \int_{-\infty}^{r(t)} v(t,x) dx &= \int_{-\infty}^{r(t)} v_t(t,x) dx + v(t, r(t)) r'(t) \\
&= \int_{-\infty}^{r(t)} (2uv)_x dx \\
&= 2u(t, r(t)) v(t, r(t)) \\
&= 0.
\end{aligned}$$

以上在 $[0,t]$ 上积分得到式（2 - 20）.

情形三　$l_0 、 r_0$ 同时有限，关于 $(l(t), r(t)) \subset \mathbb{R}$ 是使 $v(t,x)$ 保号的一个极大开区间的证明和情形二一致，由式（2 - 21）我们同样也有 $v(t, l(t)) = v(t, r(t)) \equiv 0$. 对式（2 - 20）左边关于 t 求导：

$$\begin{aligned}
\frac{d}{dt} \int_{l(t)}^{r(t)} v(t,x) dx &= \int_{l(t)}^{r(t)} v_t(t,x) dx - v(t, l(t)) l'(t) + v(t, r(t)) r'(t) \\
&= \int_{l(t)}^{r(t)} (2uv)_x dx \\
&= 2u(t, r(t)) v(t, r(t)) - 2u(t, l(t)) v(t, l(t)) \\
&= 0.
\end{aligned}$$

上式在 $[0,t]$ 上积分得到式（2 - 20）.

$\square$

基于引理 2.4.3，我们可以得到下面更精确的爆破结果.

定理 2.4.4　设 $v_0 \in H^s, s \geq 2, v(t,x)$ 是方程（2 - 2）以 v_0 为初值的解，$T > 0$ 是极大存在时间. 假定 $v_0(y_0) = \inf_{x \in \mathbb{R}} v_0(x) < 0$. 设 $\{(\xi_i, \eta_i)\}_{i=0}^{\infty}$ 是一个开区间系列满足 $v_0|_{(\xi_i, \eta_i)} < 0, v_0|_{[\eta_i, \xi_{i+1}]} \geq 0, \bigcup_{i \in \mathbb{N}} (\xi_i, \xi_{i+1}] = (\xi_0, \infty]$

以及 $y_0 \in (\xi_0, \eta_0)$. 如果初值 v_0 满足：

$$\inf_{x \in \mathbb{R}} v_0(x) < \int_{\xi_0}^{\eta_0} v_0 dx + \sum_{i=0}^{\infty} \epsilon_i \int_{\eta_i}^{\eta_{i+1}} v_0 dx, \qquad (2-22)$$

其中

$$\epsilon_i = \begin{cases} 1, & \text{当} \int_{\eta_i}^{\eta_{i+1}} v_0 dx < 0, \\ 0, & \text{当} \int_{\eta_i}^{\eta_{i+1}} v_0 dx \geq 0. \end{cases}$$

那么方程（2-2）对应的解 $v(t, x)$ 将在有限时间内爆破.

证明：由方程（2-2）和引理 1.4.9 给出的 u 与 v 之间的转换关系 $u(x) = \int_x^{\infty} e^{x-\xi} v(\xi) d\xi$, 可得：

$$v_t = (2uv)_x = 2uv_x + 2u_x v = 2uv_x + 2(u-v)v = 2uv_x - 2v^2 + 2v\int_x^{\infty} e^{x-\xi} v(\xi) d\xi.$$

根据引理 3.3.6, 对任一 $t \in [0, T)$ 存在 $y(t)$ 使得 $v(t, y(t)) = \inf_{x \in \mathbb{R}} v(t, x) := w(t)$ 我们记 $y_0 = \inf_{x \in \mathbb{R}} v_0(x)$. 那么由上式可得：

$$\frac{dw(t)}{dt} = v_t(t, y(t))$$

$$= 2uv_x(t, y(t)) - 2v^2(t, y(t)) + 2v(t, y(t))\int_{y(t)}^{\infty} e^{y(t)-\xi} v(\xi) d\xi$$

$$= -2w^2(t) + 2w(t)\int_{y(t)}^{\infty} e^{y(t)-\xi} v(\xi) d\xi. \qquad (2-23)$$

注意到 $w(0) = v_0(y_0) < 0$, 存在小时间 T_1 使得 $t < T_1$ 时 $w(t) < 0$. 如果我们可以证明：

$$\int_{y(t)}^{\infty} e^{y(t)-\xi} v(\xi) d\xi, \qquad (2-24)$$

有下界，那么由标准的常微分方程理论不难从式（2-23）导出爆破结果. 基于此，后面我们的讨论旨在寻找式（2-24）的不依赖于时间 t 的精确下界.

设 $\{(\xi_i, \eta_i)\}_{i=0}^{\infty}$ 是一个开区间系列使得 $v_0 |_{(\xi_i, \eta_i)} < 0, v_0 |_{[\eta_i, \xi_{i+1}]} \geq 0$, $\cup_{i \in \mathbb{N}} (\eta_i, \xi_{i+1}) = (\xi_0, \infty]$ 以及 $y_0 \in (\xi_0, \eta_0)$（见图 2-3）. 受引理 2.4.3 证明的启发，我们记 $\{\xi_i^t\}_{i=0}^{\infty}, \{\eta_i^t\}_{i=0}^{\infty}$ 为 $\{\xi_i\}_{i=0}^{\infty}, \{\eta_i(t)\}_{i=0}^{\infty}$ 沿着 $-2u$ 产生的流线的轨迹，根据式（2-8）即，

$$\xi_i^t = q(t,\xi_i), \quad \eta_i^t = q(t,\eta_i), \quad t \in [0,T], \quad i \in \mathbb{N}.$$

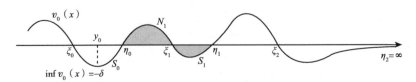

图 2 - 3　初值的零点分布

现在固定 $t \in [0,T)$，由 $\{(\xi_i,\eta_i)\}_{i=0}^{\infty}$ 的定义，根据引理 2.4.3 我们知道区间系列 $\{(\xi_i^t,\eta_i^t)\}_{i=0}^{\infty}$ 同样满足 $v|_{(\xi_i^t,\eta_i^t)} < 0, v|_{[\eta_i^t,\xi_{i+1}^t]} \geqslant 0, \cup_{i\in\mathbb{N}}(\eta_i^t,\xi_{i+1}^t] = (\xi_0^t,\infty]$ 以及 $\xi_0^t < y(t) < \eta_0^t$。更重要的是 $v(t,x)$ 在各区间内的积分为守恒量，即：

$$\int_{\xi_i^t}^{\eta_i^t} v(t,x)\,dx = -S_i, \quad \int_{\eta_{i-1}^t}^{\xi_i^t} v_0\,dx = N_i, i \in \mathbb{N},$$

这里 S_i、N_i 都是不依赖于 t 的常数。简单起见，我们省略 ξ_i^t、η_i^t 中的上标 t，而默认它们是关于 t 的函数。那么，我们有：

$$\int_{y(t)}^{\infty} e^{y(t)-\xi} v(\xi)\,d\xi = \int_{y(t)}^{\eta_0} e^{y-\xi} v(t,\xi)\,d\xi + \sum_{i=1}^{\infty} \left(\int_{\eta_{i-1}}^{\xi_i} e^{y-\xi} v(t,\xi)\,d\xi + \int_{\xi_i}^{\eta_i} e^{y-\xi} v(t,\xi)\,d\xi \right)$$

$$\geqslant \int_{\xi_0}^{\eta_0} v(t,\xi)\,d\xi + \sum_{i=1}^{\infty} \left(e^{y-\xi_i} \int_{\eta_{i-1}}^{\xi_i} v(t,\xi)\,d\xi + e^{y-\xi_i} \int_{\xi_i}^{\eta_i} v(t,\xi)\,d\xi \right)$$

$$= -S_0 + \sum_{i=1}^{\infty} (N_i - S_i) e^{y-\xi_i}$$

$$\geqslant -S_0 + \sum_{i\geqslant 1, N_i < S_i} (N_i - S_i)$$

$$= \int_{\xi_0}^{\eta_0} v_0\,dx + \sum_{i=0}^{\infty} \epsilon_i \int_{\eta_i}^{\eta_{i+1}} v_0\,dx$$

$$:= -k < 0.$$

在式（2 - 23）中，当 $t < T_1$ 时有 $w(t) < 0$，将上面不等式代入式（2 - 23）得到：

$$\frac{dw(t)}{dt} \leqslant -2w^2(t) - 2kw(t) = -2\left(\left(w + \frac{k}{2} \right)^2 - \frac{k^2}{4} \right). \tag{2 - 25}$$

由于式（2 - 22）等价于 $w(0) = v_0(y_0) < -k$，因此有：

$$w(t) < -k, \quad t \in [0,T]. \tag{2 - 26}$$

与定理 2.4.2 一样，我们记 $\delta = v_0(y_0) = -\inf_{x\in\mathbb{R}} v_0(x) > k > 0$。解微分不等

式 (2 – 25)，最终得到：

$$w(t) \leqslant \frac{-\delta k}{\delta - k} \cdot \frac{1}{\dfrac{\delta}{\delta - k} - e^{2kt}} \to -\infty, \qquad 当\ t \to \frac{1}{2k}\ln\frac{\delta}{\delta - k}.$$

证毕.

注 2.4.5 对任意函数 $v_0 \in H^s, s \geqslant 2$，我们有不等式：

$$-\int_{\mathbb{R}} |v_0| dx \leqslant \int_{\mathbb{R}} \min\{v_0, 0\} dx \leqslant \int_{\xi_0}^{\infty} \min\{v_0, 0\} dx \leqslant \int_{\xi_0}^{\eta_0} v_0 dx + \sum_{i=0}^{\infty}$$

$$\epsilon_i \int_{\eta_i}^{\eta_{i+1}} v_0 dx.$$

考虑具体的 $v_0(x) = \dfrac{-\cos 4x}{\sqrt{1+x^2}} \in H^2(\mathbb{R})$，那么上面不等式中左边三项均为

$-\infty$，见图 2 – 4. 同时，容易验证：

（1）$\xi_i = \dfrac{\pi}{2}i - \dfrac{\pi}{8}, \eta_i = \dfrac{\pi}{2}i + \dfrac{\pi}{8}, \displaystyle\int_{\frac{\pi}{2}i+\frac{\pi}{8}}^{\frac{\pi}{2}i+\frac{5\pi}{8}} \dfrac{-\cos 4x}{\sqrt{1+x^2}}dx > 0 \Rightarrow \epsilon_i = 0, i \in \mathbb{N}$；

（2）$\displaystyle\inf_{x \in \mathbb{R}} v_0(x) = v_0(0) = -1 < -\int_{-\frac{\pi}{8}}^{\frac{\pi}{8}} \cos 4x\, dx < \int_{-\frac{\pi}{8}}^{\frac{\pi}{8}} v_0(x)\, dx.$

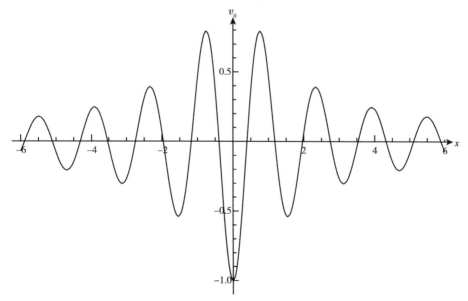

图 2 – 4 $O\left(\dfrac{1}{x}\right)$ 振荡衰减函数

根据定理 2.4.4，方程（2 - 2）对应的解 $v(t)$ 将在有限时间内爆破．由于 $v_0 \notin L^1(\mathbb{R})$，我们不能从之前的定理 2.4.2 中得到该爆破解．在这个意义上，定理 2.4.4 是比定理 2.4.2 更精确的爆破结果．

2.5 弱解的整体存在性

这一节我们主要研究 Cauchy 问题（2 - 1）弱解关于时间的整体存在性．特别地，在相关的研究中，弱解的整体存在性往往依赖于 $u_0 - \partial_x^2 u_0$ 是正的 Radon 测度或者假定 $u_0 - \partial_x u_0$ 是一个正的 L^2 函数，我们结果不需要做任何符号假设．

在给出主要定理之前，我们先引入 Cauchy 问题（2 - 1）弱解的定义．

定义 2.5.1 如果 $u : \mathbb{R}_+ \times \mathbb{R}$ 满足下列条件，我们称 u 为 *Cauchy* 问题（2 - 1）的弱解．

(i) $u \in L^\infty(\mathbb{R}_+, L^2)$；

(ii) $\partial_t u = \partial_x(u^2) + \partial_x(1 - \partial_x)^{-1} u^2$ 在分布意义下成立，并且在点点意义下 $u(0, x) = u_0(x)$．即对 $\forall \varphi \in C_0^\infty([0, +\infty), \mathbb{R})$，有：

$$\int_{\mathbb{R}_+}\int_{\mathbb{R}} u\varphi_t dxdt + \int_{\mathbb{R}} u_0(x)\varphi(0, x) dx = \int_{\mathbb{R}_+}\int_{\mathbb{R}} (u^2 + (1 - \partial_x)^{-1} u^2) \varphi_x dxdt.$$

$$(2 - 27)$$

其中

$$(1 - \partial_x)^{-1} u^2 = e^- \times u^2 = \int_x^\infty e^{x-\xi} u^2(\xi) d\xi.$$

存在性的证明基于黏性消失法，为了得到收敛性我们先引入下列散旋引理．

引理 2.5.2[59] ［*Div - Curl* 引理］设 Ω 是 $\mathbb{R}^n$ 中的开集．$\{v_k\}, \{w_k\}$ 是 $L^2(\Omega; \mathbb{R}^n)$ 的有界序列，并且在 L^2 中 $v_k \rightharpoonup v, w_k \rightharpoonup w$．另外，如果有：

(i) $div\ v_k = \sum_{i=1}^{n} \partial_{x_i} v_k^i$ 是 $H_{loc}^{-1}(\Omega)$ 中的预紧集；

(ii) $curl\ w_k$ 是 $H_{loc}^{-1}(\Omega)$ 中的预紧集，其中 $(curl w_k)_{i,j} = \partial_{x_i} w_k^j - \partial_{x_j} w_k^i$．

那么 $v_k \cdot w_k$ 在分布意义下收敛到 $v \cdot w$．

下面 Murat 引理在判断函数列预紧性时将非常有用.

引理 2.5.3[59]　[*Murat*] 设 Ω 是 $\mathbb{R}^n$ 中的开集. 如果:

(1) $\{f_k\}_{k=1}^\infty$ 在 $W^{-1,p}(\Omega), p > 2$ 中有界;

(2) $f_k = g_k + h_k$. $\{g_k\}_{k=1}^\infty$ 在 $\mathcal{M}(\Omega)$ 中有界, 并且 $\{h_k\}_{k=1}^\infty$ 在 $H^{-1}(\Omega)$ 中预紧.

那么 $\{f_k\}_{k=1}^\infty$ 在 $H^{-1}(\Omega)$ 中预紧.

黏性逼近解: 我们按如下方程定义黏性逼近解序列 $u_\varepsilon = u_\varepsilon(t, x)$:

$$\begin{cases} \partial_t u_\varepsilon = \partial_x(u_\varepsilon^2) + \partial_x(1 - \partial_x)^{-1}(u_\varepsilon^2) + \varepsilon \partial_x^2 u_\varepsilon, & t > 0, \\ u_\varepsilon(x, 0) = u_{\varepsilon 0}(x). \end{cases} \quad (2-28)$$

根据引理 1.4.9, 该系统等价于:

$$\begin{cases} \partial_t v_\varepsilon = \partial_x(2u_\varepsilon v_\varepsilon) + \varepsilon \partial_x^2 v_\varepsilon, & t > 0, \\ u_\varepsilon = (1 - \partial_x)^{-1} v_\varepsilon = \int_x^\infty e^{x-\xi} v_\varepsilon(t, \xi) d\xi, & t \geq 0, \\ v_\varepsilon(x, 0) = (1 - \partial_x) u_{\varepsilon 0}(x). \end{cases} \quad (2-29)$$

首先, 在本节中我们始终假定初值:

$$u_0 \in L^2(\mathbb{R}), \quad (2-30)$$

以及逼近序列满足:

$$u_{\varepsilon 0} \in H^k(\mathbb{R}), k \geq 2, \quad \|u_{\varepsilon 0}\|_{L^2} \leq \|u_0\|_{L^2}, \quad \text{在 } L^2(\mathbb{R}) \text{ 中 } u_{\varepsilon 0} \to u_0. \quad (2-31)$$

后续我们可能对初值作进一步的限制. 关于黏性方程 (2-28) 解的存在性, 唯一性我们有下述命题. 其证明过程是标准的, 可以参考 [60] 中定理 2.3.

命题 2.5.4　设 $\varepsilon > 0$ 以及 $u_{\varepsilon 0} \in H^k(\mathbb{R}), k \geq 2$. 那么方程 (2-28) 存在的整体解 $u_\varepsilon \in C([0, \infty), H^k(\mathbb{R}))$.

我们先导出一些必要的先验估计. 特别的, 我们将证明黏性解 u_ε 关于 ε 在 BV 空间中是一致有界的, 从而在一定意义上得到解序列的强紧性. 现在除了式 (2-30)、式 (2-31), 还需要额外假定:

$$u_0 \in L^1 \cap BV(\mathbb{R}), \quad u_{\varepsilon 0} \in W^{1,1}(\mathbb{R}),$$

$$\|u_{\varepsilon 0}\|_{W^{1,1}} \leq \|u_0\|_{L^1 \cap BV} := \|u_0\|_{L^1} + |u_0|_{BV}. \quad (2-32)$$

那么, 我们有下列重要的估计.

引理 2.5.5 假设有式 (2−30)、式 (2−31) 以及式 (2−32). 那么固定 $\varepsilon > 0$, 方程 (2−29) 的解 $v_\varepsilon(t)$ 满足:

$$\int_{\mathbb{R}} |v_\varepsilon(t)| dx \leq \|u_0\|_{L^1 \cap BV}. \tag{2-33}$$

进而, 我们有:

$$\|u_\varepsilon(t)\|_{L^p} \leq \|u_0\|_{L^1 \cap BV}, \quad \|\partial_x u_\varepsilon(t)\|_{L^1} \leq 2\|u_0\|_{L^1 \cap BV}, \tag{2-34}$$

对任意 $t \in [0,\infty), p \in [1,\infty]$ 都成立.

证明: 为了叙述的方便, 下面的证明中我们省略 $u_\varepsilon(t,x)$、$v_\varepsilon(t,x)$ 中的下标 ε. 令 η_δ 为绝对值函数 $\eta = |\cdot|$ 的一个光滑逼近 (见引理 2.4.1). 方程 (2−29) 乘以 $\eta_\delta'(v)$, 根据链式法则可知:

$$\partial_t \eta_\delta(v) = 2u_x v \eta_\delta'(v) + 2u\partial_x \eta_\delta(v) + \varepsilon\partial_x^2 \eta_\delta(v) - \epsilon\eta_\delta''(v)(v_x)^2.$$

取极限 $\delta \to 0$, 由于 $v\eta_\delta'(v) \to |v|$, 我们有:

$$\partial_t |v| \leq 2u_x|v| + 2u\partial_x|v| + \varepsilon\partial_x^2|v|, \quad a.e.\,(0,+\infty) \times \mathbb{R}. \tag{2-35}$$

对式 (2−35) 关于 x 在 $\mathbb{R}$ 上积分,

$$\frac{d}{dt}\int_{\mathbb{R}} |v| dx \leq \int_{\mathbb{R}} (2u_x|v| + 2u\partial_x|v|) dx = 0.$$

在 $[0,t]$ 上积分, 最终得到:

$$\int_{\mathbb{R}} |v(t)| dx \leq \int_{\mathbb{R}} |v_0| dx = \int_{\mathbb{R}} |u_0 - \partial_x u_0| dx \leq \|u_0\|_{L^1 \cap BV}.$$

式 (2−34) 是 Sobolev 嵌入 $L^p(\mathbb{R}) \hookrightarrow W^{1,1}(\mathbb{R}), 1 \leq p \leq \infty$ 的直接应用, 或者由 Young 不等式:

$$\|u_\varepsilon(t)\|_{L^p} = \|e^- \times v_\varepsilon(t)\|_{L^p} \leq \|e^-\|_{L^p}\|v_\varepsilon(t)\|_{L^1} \leq \frac{1}{\sqrt[p]{p}}\|v_{\varepsilon 0}\|_{L^1}$$

$$\leq \|v_0\|_{L^1},$$

以及

$$\|\partial_x u_\varepsilon(t)\|_{L^1} = \|u_\varepsilon(t) - v_\varepsilon(t)\|_{L^1} \leq \|u_\varepsilon(t)\|_{L^1} + \|v_\varepsilon(t)\|_{L^1}$$

$$\leq 2\|u_0\|_{L^1 \cap BV}.$$

证毕. □

引理 2.5.6 假设有式 (2−30)、式 (2−31) 以及式 (2−32). 那么对固定的 $\varepsilon > 0$, 方程 (2−28) 的解 $u_\varepsilon(t)$ 满足如下能量估计:

信毅学术文库

$$\int_{\mathbb{R}} u_\varepsilon^2(t)\,dx + 2\varepsilon\int_0^t\!\!\int_{\mathbb{R}}(\partial_x u_\varepsilon)^2\,dxdt' \le \int_{\mathbb{R}} u_{\varepsilon 0}^2\,dx + 4t\,\|u_0\|_{L^1\cap BV}^3. \qquad (2-36)$$

证明：对式（2-28）的第一个方程与 u_ε 作 L^2 内积，根据分部积分可得：

$$\frac{1}{2}\frac{d}{dt}\int_{\mathbb{R}} u_\varepsilon^2(t)\,dx + \varepsilon\int_{\mathbb{R}}(\partial_x u_\varepsilon)^2\,dx = -\int_{\mathbb{R}} u_\varepsilon^2 \partial_x u_\varepsilon\,dx + \int_{\mathbb{R}} u_\varepsilon \partial_x(1-\partial_x)^{-1}(u_\varepsilon^2)\,dx$$

$$= \int_{\mathbb{R}} u_\varepsilon(-u_\varepsilon^2 + (1-\partial_x)^{-1}u_\varepsilon^2)\,dx$$

$$\le \|u_\varepsilon\|_{L^3}^3 + \|u_\varepsilon\|_{L^1}\|e^- * u_\varepsilon^2\|_{L^\infty}.$$

利用 Young 不等式，以及式（2-34）中 $p=1,2,3$，我们有：

$$\frac{d}{dt}\int_{\mathbb{R}} u_\varepsilon^2(t)\,dx + 2\varepsilon\int_{\mathbb{R}}(\partial_x u_\varepsilon)^2\,dxdt' \le 4\|u_0\|_{L^1\cap BV}^3.$$

上式在 $[0,t]$ 上积分即可得到式（2-36）. $\qquad\square$

整体弱解的存在性：完成了上面的准备引理证明之后，下面我们来证明关于弱解的整体存在性主要定理.

定理 2.5.7 设初值 $u_0 \in L^1 \cap BV$，那么 Cauchy 问题（2-1）存在整体弱解 $u \in L^\infty([0,+\infty);L^1\cap BV)$.

证明：我们将利用黏性解 $\{u_\varepsilon\}_{\varepsilon>0}$ 的极限来构造整体弱解. 另外，这里假定我们选取的初值的逼近序列 $\{u_{\varepsilon 0}\}_{\varepsilon>0}$ 总是满足式（2-30）、式（2-31）及式（2-32）.

首先，我们来证明 u_ε 的几乎处处收敛性. 考虑到对任意 $T<\infty, p\in[1,\infty]$，$\{u_\varepsilon\}_{\varepsilon>0}$ 都在 $L^\infty([0,T],L^p)$ 中有界，那么存在子列使得在空间 $L^2((0,T)\times\mathbb{R})$ 中 $u_\varepsilon\to u$，并且 $\partial_x u_\varepsilon、\partial_t u_\varepsilon$ 在 $W^{-1,p}((0,T)\times\mathbb{R}),p\in[1,\infty]$ 中有界. 根据引理 2.5.5，$\partial_x u_\varepsilon$ 在 $\mathcal{M}((0,T)\times\mathbb{R})$ 中有界. 那么由 Murat 引理 $\partial_x u_\varepsilon$ 是 $H_{loc}^{-1}((0,\infty)\times\mathbb{R})$ 中的预紧集. 下一步，我们考虑 $\partial_t u_\varepsilon$ 的方程：

$$\partial_t u_\varepsilon = \partial_x u_\varepsilon^2 + \partial_x(1-\partial_x)^{-1}u_\varepsilon^2 + \varepsilon\partial_x^2 u_\varepsilon. \qquad (2-37)$$

再次，由引理 2.5.5 可得：

$$\|\partial_x u_\varepsilon^2 + \partial_x(1-\partial_x)^{-1}u_\varepsilon^2\|_{L^1((0,T)\times\mathbb{R})} \le 2\|\partial_x u_\varepsilon^2\|_{L^1((0,T)\times\mathbb{R})}$$

$$\le 4\|u_\varepsilon\|_{L^\infty((0,T)\times\mathbb{R})}\|\partial_x u_\varepsilon\|_{L^1((0,T)\times\mathbb{R})}$$

$$\le 8T\|u_0\|_{L^1\cap BV}^2.$$

根据引理 2.5.6，$\sqrt{\varepsilon}\partial_x u_\varepsilon$ 在 $L^2((0,T)\times\mathbb{R})$ 中有界，那么：

$$\varepsilon\partial_x u_\varepsilon \xrightarrow{L^2((0,T)\times\mathbb{R})} 0.$$

所以 $\varepsilon\partial_x^2 u_\varepsilon$ 是 $H_{loc}^{-1}((0,\infty)\times\mathbb{R})$ 中的预紧集. 再次, 根据 Murat 引理可知 $\partial_t u_\varepsilon$ 是 $H_{loc}^{-1}((0,\infty)\times\mathbb{R})$ 中的预紧集.

在散旋引理中, 令 $v_k = w_k = (u_{\varepsilon k},0)$, 这样 $\mathrm{div}\, v_k = \partial_t u_{\varepsilon k}$, $\mathrm{curl}\, w_k = \partial_x u_{\varepsilon k}$. 那么存在子列, 我们仍记作 v_k, w_k, 使得:

$$v_k \cdot w_k = u_{\varepsilon k}^2 \xrightarrow{\mathcal{D}'((0,\infty)\times\mathbb{R})} u^2.$$

考虑到已经有 $u_{\varepsilon k}^2$ 在 $L^\infty((0,T)\times\mathbb{R})$ 中的一致有界性, 结合以上分布意义下的收敛性, 我们有 $L^\infty((0,\infty)\times\mathbb{R})$ 中的弱 $*$ 收敛 $u_{\varepsilon k}^2 \xrightarrow{weak^*} u^2$. 根据弱 $*$ 收敛, $\|u_{\varepsilon k}\|_{L^2(K)} \to \|u\|_{L^2(K)}$ 对任意紧集 $K \subset (0,T)\times\mathbb{R}$ 都成立. 另外, 在 $L^2((0,\infty)\times\mathbb{R})$ 中我们有弱收敛 $u_{\varepsilon k} \rightharpoonup u$, 这样我们最终得到了在 $L^2(K)$ 空间中的强收敛 $u_{\varepsilon k} \to u$, 所以有:

$$u_{\varepsilon k}(t,x) \to u(t,x) \quad a.e. \quad (0,\infty)\times\mathbb{R}. \tag{2-38}$$

由引理 2.5.5, $u_{\varepsilon k}$ 在 $L^\infty([0,\infty);L^p(\mathbb{R})), 1\leq p\leq\infty$ 中是一致有界的, 我们有:

$$u_{\varepsilon k} \xrightarrow{L^\infty([0,T);L^p(\mathbb{R}))} u, \quad \forall T<\infty, 1\leq p<\infty. \tag{2-39}$$

$\partial_x u_{\varepsilon k}(t,x)$ 是在 $L^\infty([0,\infty);L^1(\mathbb{R}))$ 中一致有界的, 根据有界测度的弱紧性, 对固定的 $t\in[0,\infty)$, 存在 $\mathbb{R}$ 上的有界测度 μ_t 使 $\mathcal{M}$ 中的弱收敛 $\partial_x u_{\varepsilon k}(t) \rightharpoonup \mu_t$ 成立, 并且 $|\mu_t(\mathbb{R})| \leq \liminf\limits_{k\to\infty} \|\partial_x u_{\varepsilon k}(t)\|_{L^1} \leq 2\|u_0\|_{L^1\cap BV}$. 所以我们有:

$$\int_{\mathbb{R}} u\varphi_x dx = \lim_{k\to\infty}\int_{\mathbb{R}} u_{\varepsilon k}\varphi_x dx$$

$$= -\lim_{k\to\infty}\int_{\mathbb{R}} \partial_x u_{\varepsilon k}\varphi dx$$

$$= -\int_{\mathbb{R}} \varphi d\mu_t$$

$$\leq \|\varphi\|_{L^\infty} |\mu_t(\mathbb{R})|$$

$$\leq 2\|u_0\|_{L^1\cap BV}.$$

上面不等式对 $\varphi\in C_0^1(\mathbb{R})$, $\|\varphi\|_{L^\infty}=1$ 取上极限, 根据 BV 空间的定义, 从而有 $u(t)\in BV(\mathbb{R})$, 以及有:

$$|u(t,\cdot)|_{BV} \leq 2\|u_0\|_{L^1\cap BV}.$$

下面我们证明, 当 $k \rightarrow \infty$ 时, 有:

$$(1 - \partial_x)^{-1} u_{\varepsilon k}^2 \xrightarrow{L^\infty([0,T);L^p(\mathbb{R}))} (1 - \partial_x)^{-1} u^2, \quad \forall T < \infty, 1 \leqslant p < \infty.$$

可以直接得到:

$$
\begin{aligned}
\| (1 - \partial_x)^{-1} (u_{\varepsilon k}^2 - u^2) \|_{L^p(\mathbb{R})} &= \| e^- \times (u_{\varepsilon k}^2 - u^2) \|_{L^p} \\
&\leqslant \| e^- \|_{L^p} \| u_{\varepsilon k}^2 - u^2 \|_{L^1} \\
&\leqslant \frac{1}{\sqrt[p]{p}} \| u_{\varepsilon k} + u \|_{L^2} \| u_{\varepsilon k} - u \|_{L^2} \\
&\leqslant \frac{2}{\sqrt[p]{p}} \| u_0 \|_{L^1 \cap BV} \| u_{\varepsilon k} - u \|_{L^2}
\end{aligned}
$$

利用 Lebesgue 控制收敛定理, 现在我们可以得到 u 在分布意义下满足式 $(2-28)$. 从而 u 是定义 2.5.1 下的整体弱解. □

第 3 章　带三次非线性项的广义 Camassa – Holm 方程的适定性

3.1　引论

本章我们考虑以下广义 Camassa – Holm 方程的 Cauchy 问题.

$$\begin{cases} u_t - u_{xxt} = (1 + \partial_x)(u^2 u_{xx} + u u_x^2 - 2u^2 u_x), & t > 0, \\ u(x,0) = u_0(x). \end{cases} \tag{3-1}$$

如果我们引入定义（见引理 1.4.9）：

$$v = (1 - \partial_x)u, t > 0,$$

那么，方程（3-1）可以转化成下面输运方程的形式：

$$\begin{cases} v_t + u^2 v_x = uv^2 - u^2 v, & t > 0, \\ v(x,0) = (1 - \partial_x)u_0(x). \end{cases} \tag{3-2}$$

不同于 Degasperis – Procesi 方程和 Camassa – Holm 方程，Novikov 在 [14] 中还导出了一系列带三次非线性项的完全可积方程（所谓的 cubic Camassa – Holm 方程），有代表性的如：

$$(1 - \partial_x^2)u_t = 3u u_x u_{xx} + u^2 u_{xxx} - 4u^2 u_x,$$

后来人们将该方程称为 Novikov 方程. 该方程最近也逐渐受到学者的关注. 事实上，Novikov 方程是完全可积的，具有双 – Hamiltonian 结构，并存在精确的尖峰孤立子解 $u(t,x) = \pm \sqrt{c}\, e^{-|x-ct|}, c > 0$ [15]. 另外，有关 Cauchy 问题也有大量工作可做，在 Sobolev 空间或者 Besov 空间的局部适定性可参

考〔36 – 39〕. 强解的整体存在性可参考〔36〕, 有限时间内爆破可参考〔39〕, 以及弱解的整体存在性可参考〔40, 41〕.

在本章中我们主要研究方程（3 – 1）在 Besov 空间中的适定性. 方程（3 – 1）是最近由 Novikov 在〔14〕上提出的一个带有高阶非线性项的广义浅水波模型, 它具有非平凡的高阶对称性满足可积性定义.

本章内容安排如下: 3.2 节我们应用 Littlewood – Paley 分解理论证明了在高正则性的 Besov 空间 $B_{p,r}^s\left(s > 1 + \frac{1}{p}\right)$ 和临界 Besov 空间 $B_{p,1}^s\left(s = 1 + \frac{1}{p}\right)$ 中, 方程（3 – 1）是在 Hadamard 意义下局部适定的, 即方程的解对初值具有存在性、唯一性和连续依赖性. 3.3 节我们将介绍关于方程（3 – 1）强解的守恒律、保号性等, 并最终利用这些性质得到一个爆破结果.

下面在讨论方程的适定性时需要考虑算子 $(1 \pm \partial_x)$ 在 Besov 空间的可逆性, 确切地说, 我们有如下引理.

引理 3.1.1　设 $(s,p,r) \in \mathbb{R} \times [1,\infty]^2$. 那么线性算子:

$$\begin{cases} B_{p,r}^{s+1}(\mathbb{R}) \to B_{p,r}^s(\mathbb{R}) \\ u \mapsto v = (1 \pm \partial_x)u, \end{cases}$$

是连续的, 并且存在连续的逆算子:

$$(1 + \partial_x)^{-1}v(x) = \int_{-\infty}^x e^{\xi-x}v(\xi)d\xi = e^+ * v(x),$$

$$(1 - \partial_x)^{-1}v(x) = \int_x^\infty e^{x-\xi}v(\xi)d\xi = e^- * v(x).$$

如图 3 – 1 所示, $e^+ = e^{-x}\chi_{\{x>0\}}, e^- = e^x\chi_{\{x<0\}}$ 是 *Fourier* 算子 $(1 \pm \partial_x)^{-1}$ 对应的卷积核函数. 并且我们有下面等式:

$$\|(1 - \partial_x)^{-1}v\|_{H^s(\mathbb{R})} = \|v\|_{H^{s-1}(\mathbb{R})}, \quad s \in \mathbb{R}.$$

证明: 令 u 是一个缓增分布, 记 $v = u - u_x$, 那么

$$\hat{v} = \mathcal{F}(u \pm \partial_x u) = (1 \pm i\xi)\hat{u}$$

在分布意义下成立. 由 Fourier 变换我们定义:

$$(1 - \partial_x)^{-1}v = \mathcal{F}^{-1}\left(\frac{\hat{v}}{1 \pm i\xi}\right) = \mathcal{F}^{-1}\left(\frac{1}{1 \pm i\xi}\right) * v = e^{\pm} * v.$$

根据上面等式, $(1 \pm \partial_x)$ 的连续性和可逆性可以从 Besov 空间的定义参见

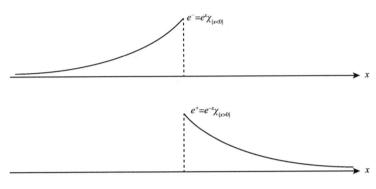

图 3 – 1 Fourier 算子 $(1 \pm \partial_x)^{-1}$ 的卷积核函数

[58] 直接得到. 特别地, 在 Sobolev 空间中我们有:

$$\| (1 - \partial_x)^{-1} v \|^2_{H^s(\mathrm{R})} = \int_{\mathrm{R}} (1 + \xi^2)^s \Big| \frac{\hat{v}}{1 \pm i\xi} \Big|^2 d\xi$$

$$= \int_{\mathrm{R}} (1 + \xi^2)^{s-1} | \hat{v} |^2 d\xi = \| v \|^2_{H^{s-1}(\mathrm{R})}.$$

证毕. □

3.2 局部适定性

首先, 我们将考虑方程 (3 – 1) 在 Besov 空间中的适定性问题. 根据引理 3.1.1, 方程 (3 – 1) 和方程 (3 – 2) 是等价的, 事实上本节我们主要证明等价方程 (3 – 2) 在一大类 Besov 空间中是适定的, 进而得到初始方程 (3 – 1) 在 Besov 空间中的适定性. 我们先定义以下函数空间.

定义 3.2.1 设 $T > 0, s \in \mathbb{R}$ 以及 $1 \leqslant p \leqslant \infty, 1 \leqslant r \leqslant \infty$. 定义:

$$E^s_{p,r}(T) \triangleq \begin{cases} \mathcal{C}([0,T]; B^s_{p,r}) \cap \mathcal{C}^1([0,T]; B^{s-1}_{p,r}), & if\ r < \infty, \\ \mathcal{C}_w([0,T]; B^s_{p,\infty}) \cap \mathcal{C}^{0,1}([0,T]; B^{s-1}_{p,\infty}), & if\ r = \infty. \end{cases}$$

我们的适定性结果可以概括为下面定理.

定理 3.2.2 设 $1 \leqslant p, r \leqslant \infty, s \in \mathbb{R}$ 满足:

$$s > \max\Big\{\frac{1}{p}, \frac{1}{p'}\Big\}\ \text{或者}\ s = \frac{1}{p}, r = 1, 1 \leqslant p \leqslant 2, \tag{3 – 3}$$

这里 p' 是 p 的对偶指标，即 $\dfrac{1}{p} + \dfrac{1}{p'} = 1$. 如果 $v_0 \in B_{p,r}^s$，则存在时间 $T > 0$ 使方程（3 – 2）存在唯一解 $v \in E_{p,r}^s(T)$，并且映射 $v_0 \mapsto v : B_{p,r}^s \to F_{p,r}^s(T)$ 是连续的.

证明： 我们分四步证明定理 3.2.2.

第一步：逼近解.

按照标准的过程，我们构造一系列线性方程的光滑解来逼近原来方程（3 – 2）. 作为开始，令 $v_1(t,x) \triangleq u_1(t,x) - \partial_x u_1(t,x) = 0$，归纳地给出系列 $(v_n)_n$ 作为下列方程的解：

$$
\begin{cases}
\partial_t v_{n+1} + u_n^2 \partial_x v_{n+1} = u_n v_n^2 - u_n^2 v_n, & t > 0, x \in \mathbb{R}, \\
v_{n+1} = u_{n+1} - \partial_x u_{n+1}, & t > 0, x \in \mathbb{R}, \\
v^{n+1}\big|_{t=0} = S_{n+1} v_0.
\end{cases} \tag{3 – 4}
$$

考虑到当 $\{s,p,r\}$ 满足方程（3 – 3）时 $B_{p,r}^s$ 是一个代数，初值 $S_{n+1}v_0 \in B_{p,r}^\infty$ 满足 $\|S_{n+1}v_0\|_{B_{p,r}^s} \leqslant C\|v_0\|_{B_{p,r}^s}$. 另外，$(1 - \partial_x)^{-1} \triangleq (1 - \partial_x^2)^{-1}(1 + \partial_x)$ 是一个 S^{-1} – 乘子. 根据引理 1.4.5，由归纳法容易推出对任意 $n \geqslant 1$，式（3 – 4）有唯一解 $v_n \in C^1([0,T], B_{p,r}^\infty)$，对任何 $T > 0$ 都成立. 显然，我们有 $v_n \in E_{p,r}^s(T)$ 对任何 $T > 0$ 都成立.

第二步：一致估计.

下面我们将考虑找一个的正数 T 使第一步得到的逼近解在时间区间 $[0,T]$ 上是一致有界的. 由引理 1.4.5 并利用嵌入关系，我们推出

$$
\|v_{n+1}\|_{B_{p,r}^s} \leqslant e^{C\int_0^t \|\partial_x(u_n)^2\|_{B_{p,r}^s}\,d\tau} \Big(\|S_{n+1}v_0\|_{B_{p,r}^s} + \int_0^t e^{-C\int_0^\tau \|\partial_x(u_n)^2\|_{B_{p,r}^s}\,d\tau'} \|u_n v_n^2 - u_n^2 v_n\|_{B_{p,r}^s}\,d\tau\Big).
$$

记 $U_n(t) \triangleq \int_0^t \|v_n\|_{B_{p,r}^s}^2\,d\tau$. 由 $B_{p,r}^s$ 是一个代数，另外从 $u_n = (1 - \partial_x^2)^{-1}(1 + \partial_x)v_n$，可以推出：

$$
\|\partial_x(u_n)^2\|_{B_{p,r}^s} \leqslant \|u_n\|_{B_{p,r}^{s+1}}^2 \leqslant \|v_n\|_{B_{p,r}^s}^2.
$$

以及

$$
\|u_n v_n^2 - u_n^2 v_n\|_{B_{p,r}^s} \leqslant \|u_n\|_{B_{p,r}^s}\|v_n\|_{B_{p,r}^s}^2 + \|u_n\|_{B_{p,r}^s}^2\|v_n\|_{B_{p,r}^s} \leqslant C\|v_n\|_{B_{p,r}^s}^3.
$$

信毅学术文库

所以我们得到：

$$\| v_{n+1} \|_{B_{p,r}^s} \leq C^{\frac{1}{2}} e^{CU_n(t)} \left(\| v_0 \|_{B_{p,r}^s} + C^{\frac{1}{2}} \int_0^t e^{-CU_n(\tau)} \| v_n \|_{B_{p,r}^s}^3 d\tau \right). \quad (3-5)$$

接下来，我们固定 $T > 0$ 使 $4C^2 T \| v_0 \|_{B_{p,r}^s}^2 < 1$. 由归纳方法，先假设

$$\| v_n(t) \|_{B_{p,r}^s} \leq \frac{C^{\frac{1}{2}} \| v_0 \|_{B_{p,r}^s}}{\sqrt{1 - 4C^2 \| v_0 \|_{B_{p,r}^s}^2 t}} \leq \frac{C^{\frac{1}{2}} \| v_0 \|_{B_{p,r}^s}}{\sqrt{1 - 4C^2 \| v_0 \|_{B_{p,r}^s}^2 T}} \triangleq M,$$

$$\forall t \in [0, T]. \quad (3-6)$$

由于 $U_n(t) = \int_0^t \| v_n \|_{B_{p,r}^s}^2 d\tau$, 我们有：

$$e^{CU_n(t) - CU_n(t')} = \exp\left(C \int_{t'}^t \| v_n \|_{B_{p,r}^s}^2 d\tau \right)$$

$$\leq \exp\left(\frac{1}{4} \int_{t'}^t \frac{4C^2 \| v_0 \|_{B_{p,r}^s}^2}{1 - 4C^2 \| v_0 \|_{B_{p,r}^s}^2 \tau} d\tau \right)$$

$$= \left(\frac{1 - 4C^2 \| v_0 \|_{B_{p,r}^s}^2 t'}{1 - 4C^2 \| v_0 \|_{B_{p,r}^s}^2 t} \right)^{\frac{1}{4}}. \quad (3-7)$$

结合式（3-6）和式（3-7），推出：

$$\| v_{n+1}(t) \|_{B_{p,r}^s} \leq \frac{C^{\frac{1}{2}} \| v_0 \|_{B_{p,r}^s}}{(1 - 4C^2 \| v_0 \|_{B_{p,r}^s}^2 t)^{\frac{1}{4}}} \left(1 + \int_0^t \frac{C^2 \| v_0 \|_{B_{p,r}^s}^2}{(1 - 4C^2 \| v_0 \|_{B_{p,r}^s}^2 \tau)^{1+\frac{1}{4}}} d\tau \right)$$

$$\leq \frac{C^{\frac{1}{2}} \| v_0 \|_{B_{p,r}^s}}{(1 - 4C^2 \| v_0 \|_{B_{p,r}^s}^2 t)^{\frac{1}{4}}} \left(1 - \frac{1}{4} \int_0^t \frac{d(1 - 4C^2 \| v_0 \|_{B_{p,r}^s}^2 \tau)}{(1 - 4C^2 \| v_0 \|_{B_{p,r}^s}^2 \tau)^{1+\frac{1}{4}}} \right)$$

$$\leq \frac{C^{\frac{1}{2}} \| v_0 \|_{B_{p,r}^s}}{(1 - 4C^2 \| v_0 \|_{B_{p,r}^s}^2 t)^{\frac{1}{2}}}$$

$$\leq M.$$

所以，$(v_n)_{n \in \mathbb{N}}$ 是在 $L^\infty([0,T], B_{p,r}^s)$ 上一致有界的. 由乘积律知 $u_n^2 \partial_x v_{n+1}$ 和 $u_n v_n^2 - u_n^2 v_n$ 也在 $L^\infty([0,T], B_{p,r}^{s-1})$ 上一致有界. 从而我们得出 $(v_n)_{n \in \mathbb{N}}$ 在 $E_{p,r}^s(T)$ 上一致有界.

第三步：收敛和正则性.

我们将证明：$(v_n)_{n \in \mathbb{N}}$ 在空间 $C([0,T]; B_{p,r}^{s-1})$ 上是一个柯西列. 首先，

对所有 $(n,l) \in \mathbb{N}^2$，记 $w_{n,l} \triangleq v_{n+l} - v_n$，由式（3 – 4），我们有：

$$
\begin{cases}
(\partial_t + u_{n+l}^2 \partial_x) w_{n+1,l} = (u_{n+l} - u_n)(v_n^2 - u_{n+l}\partial_x v_{n+1} - u_n \partial_x v_{n+1} - \\
\qquad\qquad v_n u_{n+l} - u_n v_n) + (v_{n+l} - v_n)(v_{n+l} + v_n - u_{n+l})u_{n+l} \\
\qquad\quad = (u_{n+l} - u_n) F_{n,l} + (v_{n+l} - v_n) G_{n,l}, \\
w_{n+1,l}\big|_{t=0} = S_{n+l+1}v_0 - S_{n+1}v_0.
\end{cases}
$$

$$(3 - 8)$$

情形一：$s > \max\left\{\dfrac{1}{p}, \dfrac{1}{p'}\right\}$.

为了应用引理 1.4.5，我们先要对方程（3 – 8）右边作 $B_{p,r}^{s-1}$ 范数估计，由乘积律：

$$
\begin{aligned}
& \| (u_{n+l} - u_n)(v_n^2 - u_{n+l}\partial_x v_{n+1} - u_n \partial_x v_{n+1} - v_n u_{n+l} - u_n v_n) \|_{B_{p,r}^{s-1}} \\
\leqslant\ & \| u_{n+l} - u_n \|_{B_{p,r}^s} \| v_n^2 - u_{n+l}\partial_x v_{n+1} - u_n \partial_x v_{n+1} - v_n u_{n+l} - u_n v_n \|_{B_{p,r}^{s-1}} \\
\leqslant\ & C \| v_{n+l} - v_n \|_{B_{p,r}^{s-1}} \big(\| v_n \|_{B_{p,r}^s}^2 + \| u_{n+l} + u_n \|_{B_{p,r}^s} \\
& \| \partial_x v_{n+1} \|_{B_{p,r}^{s-1}} + \| v_n \|_{B_{p,r}^{s-1}} \| u_{n+l} \|_{B_{p,r}^s} \big) \\
\leqslant\ & C \| v_{n+l} - v_n \|_{B_{p,r}^{s-1}} \big(\| v_n \|_{B_{p,r}^s}^2 + (\| v_{n+l} \|_{B_{p,r}^s} + \\
& \| v_n \|_{B_{p,r}^s}) \| v_{n+1} \|_{B_{p,r}^s} + \| v_n \|_{B_{p,r}^s} \| v_{n+l} \|_{B_{p,r}^s} \big) \\
\leqslant\ & C_T \| v_{n+l} - v_n \|_{B_{p,r}^{s-1}},
\end{aligned}
$$

$$(3 - 9)$$

以及

$$
\begin{aligned}
& \| (v_{n+l} - v_n)(v_{n+l} + v_n - u_{n+l})u_{n+l} \|_{B_{p,r}^{s-1}} \\
\leqslant\ & \| v_{n+l} - v_n \|_{B_{p,r}^{s-1}} \| v_{n+l} + v_n - u_{n+l} \|_{B_{p,r}^s} \| u_{n+l} \|_{B_{p,r}^s} \\
\leqslant\ & C \| v_{n+l} - v_n \|_{B_{p,r}^{s-1}} \big(\| v_{n+l} \|_{B_{p,r}^s} + \| v_n \|_{B_{p,r}^s} \big) \| v_{n+l} \|_{B_{p,r}^s} \\
\leqslant\ & C_T \| v_{n+l} - v_n \|_{B_{p,r}^{s-1}}.
\end{aligned}
$$

$$(3 - 10)$$

根据 Besov 空间的定义，有下面不等式：

$$
\begin{aligned}
\| S_{n+l+1} m_0 - S_{n+1} m_0 \|_{B_{p,r}^{s-1}} &= \Big(\sum_{l \geqslant -1} 2^{l(s-1)r} \| \Delta_l \big(\sum_{q=n+1}^{n+m} \Delta_q m_0 \big) \|_{L^p}^r \Big)^{\frac{1}{r}} \\
&\leqslant C \Big(\sum_{l=n}^{n+m+1} 2^{-lr} 2^{lsr} \| \Delta_l m_0 \|_{L^p}^r \Big)^{\frac{1}{r}} \\
&\leqslant C 2^{-n} \| m_0 \|_{B_{p,r}^s},
\end{aligned}
$$

$$(3 - 11)$$

同时有：

$$
\| \partial_x (u_{n+l})^2 \|_{B_{p,r}^s} \leqslant \| (u_{n+l})^2 \|_{B_{p,r}^{s+1}} \leqslant \| (v_{n+l}) \|_{B_{p,r}^s}^2 \leqslant C_T. \qquad (3 - 12)
$$

结合式 (3 – 9)、式 (3 – 10)、式 (3 – 11)、式 (3 – 12) 并应用引理 1.4.5，我们得到：

$$\| w_{n+1,l} \|_{B_{p,r}^{s-1}} \leq C_T \left(2^{-n} + \int_0^t \| w_{n,l} \|_{B_{p,r}^{s-1}} d\tau \right),$$

这里 C_T 是一个不依赖于 n、l 的常数. 记 $b_{n,l}(t) \triangleq \| w_{n,l}(t) \|_{B_{p,r}^{s-1}}$，从而有：

$$b_{n+1,l}(t) \leq C_T \left(2^{-n} + \int_0^t b_{n,l}(\tau) d\tau \right) \quad ，\forall t \in [t,T].$$

对 $n \in \mathbb{N}$ 作归纳，我们容易推出：

$$b_{n+1,l}(t) \leq C_T \left(2^{-n} \sum_{k=0}^n \frac{(2TC_T)^k}{k!} + C_T \frac{(TC_T)^{n+1}}{(n+1)!} \right),$$

当 $n \to \infty$ 时上式右边趋于 0. 这样，我们就得出 $\{v_n\}_{n\in\mathbb{N}}$ 是空间 $C([0,T], B_{p,r}^{s-1})$ 中的柯西列，并且收敛到一个极限函数 $v \in C([0,T], B_{p,r}^{s-1})$. 回顾第二步我们知道 $\{v_n\}_{n\in\mathbb{N}}$ 在空间 $E_{p,r}^s(T)$ 中一致有界，由 Fatou 引理，我们得到：

$$v \in L^\infty(0,T; B_{p,r}^s).$$

到此，在方程 (3 – 4) 两边作用一个测试函数 $\phi \in C([0,T]; S)$，令 $n \to \infty$，应用命题 1.4.3，容易验证 v 是方程 (3 – 2) 的一个解.

这样，根据引理 1.4.7，我们有 $v \in C([0,T]; B_{p,r}^s)$. 回到方程 (3 – 2)，立刻可以得到 $v_t \in C([0,T]; B_{p,r}^{s-1})$. 结合以上讨论，我们最终得到 $v \in E_{p,r}^s(T)$.

情形二：$s = \dfrac{1}{p}, r = 1, 1 \leq p \leq 2$.

这是临界的情形. 注意到在应用引理 1.4.5 时，正则指标 $s - 1 = -\dfrac{1}{p'}$ 取到了端点，我们只有对应 $r = \infty$ 的估计. 所以我们将在空间 $B_{p,\infty}^{\frac{1}{p}-1}$ 中考虑收敛性. 首先有：

$$\| w_{n+1,l} \|_{B_{p,\infty}^{\frac{1}{p}-1}} \leq e^{\int_0^t \| \partial_x (u_{n+l})^2 \|_{B_{p,\infty}^{\frac{1}{p}} \cap L^\infty} d\tau} \left(\| S_{n+l+1} v_0 - S_{n+1} v_0 \|_{B_{p,\infty}^{\frac{1}{p}-1}} + \right.$$

$$\int_0^t e^{\int_\tau^t \| \partial_x (u_{n+l})^2 \|_{B_{p,\infty}^{\frac{1}{p}} \cap L^\infty} d\tau} \left(\| (u_{n+l} - u_n) F_{n,l} \|_{B_{p,\infty}^{\frac{1}{p}-1}} + \right.$$

$$\left. \| (v_{n+l} - v_n) G_{n,l} \|_{B_{p,\infty}^{\frac{1}{p}-1}} \right) d\tau \right), \tag{3 – 13}$$

由乘积估计 (1.4.2)，以及 $\{v_n\}_{n\in\mathbb{N}}$ 的一致有界性，对式 (3 – 13) 右端

我们分别有下面的估计：

$$\| (u_{n+l} - u_n) F_{n,l} \|_{B_{p,\infty}^{\frac{1}{p}-1}} \leqslant \| u_{n+l} - u_n \|_{B_{p,1}^{\frac{1}{p}}} \| F_{n,l} \|_{B_{p,\infty}^{\frac{1}{p}-1}}$$

$$\leqslant \| v_{n+l} - v_n \|_{B_{p,1}^{\frac{1}{p}-1}} (\| v_n \|_{B_{p,1}^{\frac{1}{p}}}^2 + \| u_{n+l} + u_n \|_{B_{p,1}^{\frac{1}{p}}}$$

$$\| \partial_x v_{n+1} \|_{B_{p,\infty}^{\frac{1}{p}-1}} + \| v_n \|_{B_{p,\infty}^{\frac{1}{p}-1}} \| u_{n+l} \|_{B_{p,1}^{\frac{1}{p}}})$$

$$\leqslant C \| v_{n+l} - v_n \|_{B_{p,1}^{\frac{1}{p}-1}} (\| v_n \|_{B_{p,1}^{\frac{1}{p}}}^2 + (\| v_{n+l} \|_{B_{p,1}^{\frac{1}{p}}} +$$

$$\| v_n \|_{B_{p,1}^{\frac{1}{p}}}) \| v_{n+1} \|_{B_{p,1}^{\frac{1}{p}}} + \| v_n \|_{B_{p,1}^{\frac{1}{p}}} \| v_{n+l} \|_{B_{p,1}^{\frac{1}{p}}})$$

$$\leqslant C_T \| v_{n+l} - v_n \|_{B_{p,1}^{\frac{1}{p}-1}}, \qquad (3-14)$$

以及

$$\| (v_{n+l} - v_n) G_{n,l} \|_{B_{p,\infty}^{\frac{1}{p}-1}} \leqslant \| v_{n+l} - v_n \|_{B_{p,\infty}^{\frac{1}{p}-1}} \| G_{n,l} \|_{B_{p,1}^{\frac{1}{p}}}$$

$$\leqslant C \| v_{n+l} - v_n \|_{B_{p,1}^{\frac{1}{p}-1}} (\| v_{n+l} \|_{B_{p,1}^{\frac{1}{p}}} +$$

$$\| v_n \|_{B_{p,1}^{\frac{1}{p}}}) \| v_{n+l} \|_{B_{p,1}^{\frac{1}{p}}}$$

$$\leqslant C_T \| v_{n+l} - v_n \|_{B_{p,1}^{\frac{1}{p}-1}}. \qquad (3-15)$$

另外，我们有：

$$\| S_{n+l+1} m_0 - S_{n+1} m_0 \|_{B_{p,\infty}^{\frac{1}{p}-1}} \leqslant C 2^{-n} \| m_0 \|_{B_{p,1}^{\frac{1}{p}}}.$$

由于 $B_{p,1}^{\frac{1}{p}} \hookrightarrow B_{p,\infty}^{\frac{1}{p}}$ 以及 $B_{p,1}^{\frac{1}{p}} \hookrightarrow L^\infty$，我们得到下面关于流的估计：

$$\int_0^t \| \partial_x (u_{n+l})^2 \|_{B_{p,\infty}^{\frac{1}{p}} \cap L^\infty} \leqslant C \int_0^t \| \partial_x (u_{n+l})^2 \|_{B_{p,1}^{\frac{1}{p}}} dt' \leqslant C \int_0^t \| v_{n+l} \|_{B_{p,1}^{\frac{1}{p}}}^2 dt' \leqslant C_T.$$

现在，把以上的估计代入式（3 – 13）中，并利用对数插值估计，我们得到：

$$\| w_{n+1,l} \|_{B_{p,\infty}^{\frac{1}{p}-1}} \leqslant C_T \left(2^{-n} + \int_0^t \| w_{n,l} \|_{B_{p,\infty}^{\frac{1}{p}-1}} \log \left(e + \frac{1}{\| w_{n,l} \|_{B_{p,\infty}^{\frac{1}{p}-1}}} \right) dt' \right).$$

定义 $w_n(t) \triangleq \sup\limits_{t' \in [0,t], l \in \mathbb{N}} \| (w_{n,l})(t') \|_{B_{p,\infty}^{\frac{1}{p}-1}}$，从而，我们有：

$$w_{n+1} \leqslant C_T \left(2^{-n} + \int_0^t w_n(t') \log \left(e + \frac{1}{w_n(t')} \right) dt' \right).$$

注意到 $\{w_n(t)\}_{n \in \mathbb{N}}$ 在区间 $[0, T]$ 上是一致有界的，另外，$\mu(x) = C_T x \log \left(e + \frac{1}{x} \right)$ 是一个 Osgood 连续模. 应用 Lebesgue – Fatou 引理，我们可以得到，对任意 $t \in [0, T]$，有：

$$\limsup_{n \to \infty} w_n(t) \leqslant \int_0^t \mu (\limsup_{n \to \infty} w_n(t')) dt'.$$

所以根据 Osgood 引理 1.4.4,

$$\lim_{n \to \infty} \sup w_n(t) = 0, \quad t \in [0,T],$$

这就蕴含了 $\{v_n\}_{n \in \mathbb{N}}$ 是空间 $C([0,T]; B_{p,\infty}^{\frac{1}{p}-1})$ 中的柯西列并收敛到一个极限函数 $v \in C([0,T]; B_{p,\infty}^{\frac{1}{p}-1})$. 与情形一作类似的讨论, 我们可以得到 v 是方程 (3-2) 的一个解, 并且 $v \in E_{p,1}^{\frac{1}{p}}(T)$. □

第四步: 唯一性和对初值的连续依赖性.

假设 $v_i = (1 - \partial_x) u_i \in E_{p,r}^s(T), i \in \{1,2\}$, 是方程 (3-2) 初值对应为 $v_i(0,x) = z_i(x)$ 的两个解. 令 $w = v_1 - v_2$. 将方程 (3-2) 中初值为 z_1 和 z_2 的两方程相减, 得到:

$$\begin{cases} \partial_t w + u_1^2 \partial_x w = (u_1 - u_2)\left[v_1^2 - u_1 v_1 - u_2 v_1 - (u_1 + u_2)\partial_x v_2 \right] + \\ \qquad\qquad\qquad w u_2 (v_1 + v_2 - u_2) \\ w(t,x)\big|_{t=0} = z_1 - z_2. \end{cases}$$

$$(3-16)$$

与第三步收敛性的讨论类似, 我们分两种情形讨论唯一性.

对于 $s > \max\left\{\dfrac{1}{p}, \dfrac{1}{p'}\right\}$, 根据引理 1.4.5 和 Besov 空间的嵌入理论, 可以得到:

$$e^{-C\int_0^t \|v_1\|_{B_{p,r}^s}^2 dt'} \|w(t)\|_{B_{p,r}^{s-1}} \leqslant \|w_0\|_{B_{p,r}^{s-1}} + C\int_0^t e^{-C\int_0^\tau \|v_1\|_{B_{p,r}^s}^2 dt'} \|w(\tau)\|_{B_{p,r}^{s-1}}$$

$$\left(\|v_1\|_{B_{p,r}^s}^2 + \|v_2\|_{B_{p,r}^s}^2 \right) d\tau.$$

然后, 由 Gronwall 引理, 对任何 $t \in [0,T]$, 有:

$$\|w(t)\|_{B_{p,r}^{s-1}} \leqslant \|w_0\|_{B_{p,r}^{s-1}} e^{2C\int_0^t (\|v_1\|_{B_{p,r}^s}^2 + \|v_2\|_{B_{p,r}^s}^2) d\tau}. \qquad (3-17)$$

这就蕴含了在 $s > \max\left\{\dfrac{1}{p}, \dfrac{1}{p'}\right\}$ 时, 方程 (3-2) 解的唯一性.

另外, 对于临界情形 $\{1 \leqslant p \leqslant 2, s = \dfrac{1}{p} \text{ and } r = 1\}$, 我们首先有:

$$\|w(t)\|_{B_{p,\infty}^{\frac{1}{p}-1}} \leqslant e^{C\int_0^t \|v_1\|_{B_{p,1}^{\frac{1}{p}}}^2 dt'} \left(\|w_0\|_{B_{p,\infty}^{\frac{1}{p}-1}} + \right.$$

$$C\int_0^t e^{-C\int_0^\tau \|v_1\|_{B_{p,1}^{\frac{1}{p}}}^2 dt'} \|w\|_{B_{p,1}^{\frac{1}{p}-1}} \left(\|v_1\|_{B_{p,1}^{\frac{1}{p}}}^2 + \|v_2\|_{B_{p,1}^{\frac{1}{p}}}^2 \right) d\tau \Big).$$

同样根据对数插值估计, 可以得到:

$$e^{-C\int_0^t \|v_1\|^2_{B^{\frac{1}{p}}_{p,1}} dt'} \| w(t) \|_{B^{\frac{1}{p}-1}_{p,\infty}} \leqslant \| w_0 \|_{B^{\frac{1}{p}-1}_{p,\infty}} +$$

$$C\int_0^t e^{-C\int_0^\tau \|v_1\|^2_{B^{\frac{1}{p}}_{p,1}} dt'} \| w \|_{B^{\frac{1}{p}-1}_{p,\infty}} \times \ln\left(e + \frac{\| v_1 \|_{B^{\frac{1}{p}}_{p,1}} + \| v_2 \|_{B^{\frac{1}{p}}_{p,1}}}{\| w \|_{B^{\frac{1}{p}-1}_{p,\infty}}} \right)$$

$$\left(\| v_1 \|^2_{B^{\frac{1}{p}}_{p,1}} + \| v_2 \|^2_{B^{\frac{1}{p}}_{p,1}} \right) d\tau.$$

现在，定义 $W(t) \triangleq e^{-C\int_0^t \|v_1\|^2_{B^{\frac{1}{p}}_{p,1}} dt'} \| w(t) \|_{B^{\frac{1}{p}-1}_{p,\infty}}$. 由于 v_1、v_2 在空间 $L^\infty(0,T;$ $B^{\frac{1}{p}}_{p,1})$ 中有界，我们有：

$$W(t) \leqslant W(0) + C\int_0^t W(t') \ln\left(e + \frac{C}{W(t')} \right) dt'.$$

进一步化简，可以得到：

$$\frac{W(t)}{C} \leqslant \frac{W(0)}{C} + 2C\int_0^t \frac{W(t')}{C}\left(1 - \ln\frac{W(t')}{C} \right) dt'.$$

再根据引理 1.4.4 取 $\rho(t) = \frac{W(t)}{C}$，对任意 $t \in [0,T]$ 我们有：

$$W(t) \leqslant eC W_0^{\exp(-2Ct)} \leqslant eC W_0^{\exp(-2CT)}.$$

从而，可以得到：

$$\| w(t) \|_{B^{\frac{1}{p}-1}_{p,\infty}} \leqslant eC \| w(0) \|_{B^{\frac{1}{p}-1}_{p,\infty}}^{\exp(-2CT)} \exp\left(C\int_0^t \| v_1 \|^2_{B^{\frac{1}{p}}_{p,1}} dt' \right)$$

$$\leqslant C_T \| w(0) \|_{B^{\frac{1}{p}-1}_{p,\infty}}^{\exp(-2CT)}. \tag{3-18}$$

所以，如果在 $B^{\frac{1}{p}-1}_{p,\infty}$ 中 $w(0) = z_1 - z_2 = 0$，那么对任意 $t \in [0,T]$ 都有 $v_1 = v_2$.

另外，考虑到 $w(t)$ 在空间 $B^{\frac{1}{p}}_{p,1}$ 中有界，由对数插值估计，我们最终得到：

$$\| w(t) \|_{B^{\frac{1}{p}-1}_{p,\infty}} \leqslant C \| w(t) \|_{B^{\frac{1}{p}-1}_{p,\infty}}\left(1 + \ln\frac{\| w(t) \|_{B^{\frac{1}{p}}_{p,1}}}{\| w(t) \|_{B^{\frac{1}{p}-1}_{p,\infty}}} \right)$$

$$\leqslant C \| w(0) \|_{B^{\frac{1}{p}-1}_{p,1}}^{\exp(-2CT)}\left(C - e^{-2CT}\ln \| w(0) \|_{B^{\frac{1}{p}-1}_{p,1}} \right).$$

$$\tag{3-19}$$

这就蕴含了在临界情形 $1 \leqslant p \leqslant 2, s = \frac{1}{p}, r = 1$ 时，方程（3-2）解的唯一性.

注意到以上对于解的估计并没有建立在初值所在的空间 $B^s_{p,r}$，为了得到解对初值的连续依赖性，我们将用到引理 1.4.8. 事实上，关于稳定性我们有下面的结论.

命题 3.2.3 假设 (s,p,r) 满足条件式 (3–3)，以及 $n \in \bar{\mathbb{N}} \triangle \mathbb{N} \cup \infty$. 设 $v^n \in C([0,T];B^s_{p,r})$ 是方程 (3–2) 初值为 $v^n_0 \in B^s_{p,r}$ 对应的解，即：

$$\begin{cases} \partial_t v^n + (u^n)^2 \partial_x v^n = u^n (v^n)^2 - (u^n)^2 v^n \triangleq f^n, \\ v^n(t,x)\big|_{t=0} = v^n_0(x). \end{cases} \tag{3–20}$$

当 $r < \infty$ 时，如果 v^n_0 在空间 $B^s_{p,r}$ 中收敛到 v^∞_0，那么 v^n 在 $C([0,T];B^s_{p,r})$ 空间中收敛到 v^∞（相应的，解空间为 $C_w([0,T];B^s_{p,r})$ 在 $r = \infty$ 时），这里 $T > 0$ 满足 $4C^2 \sup\limits_{n \in \bar{\mathbb{N}}} \| v^n_0 \|_{B^s_{p,r}} T < 1$.

证明： 我们将 v^n 分解成两部分 $v^n = y^n + z^n$ 使得：

$$\begin{cases} \partial_t y^n + (u^n)^2 \partial_x y^n = f^\infty, \\ y^n\big|_{t=0} = v^\infty_0, \end{cases} \quad \text{及} \quad \begin{cases} \partial_t z^n + (u^n)^2 \partial_x z^n = f^n - f^\infty, \\ z^n\big|_{t=0} = v^n_0 - v^\infty_0. \end{cases}$$

由定义，$z^\infty = 0$，我们有 $v^n - v^\infty = z^n + y^n - y^\infty$. 为了控制住 z^n，运用引理 1.4.5 可以推出：

$$\| z^n \|_{B^s_{p,r}} \leq e^{C\int_0^t \| v^n \|^2_{B^s_{p,r}} dt'} \Big(\| v^n_0 - v^\infty_0 \|_{B^s_{p,r}} + \int_0^t e^{-C\int_0^{t'} \| v^n \|^2_{B^s_{p,r}} d\tau} \| f^n - f^\infty \|_{B^s_{p,r}} dt' \Big). \tag{3–21}$$

根据存在性部分的证明，我们有一致的上界：

$$\| v^n(t) \|_{B^s_{p,r}} \leq \frac{\sqrt{C} \sup\limits_{n \in \bar{\mathbb{N}}} \| v^n_0 \|_{B^s_{p,r}}}{\sqrt{1 - 4C^2 \sup\limits_{n \in \bar{\mathbb{N}}} \| v^n_0 \|^2_{B^s_{p,r}} T}} \triangleq M. \tag{3–22}$$

利用乘积型估计，从而有：

$$\begin{aligned} \| f^n - f^\infty \|_{B^s_{p,r}} &= \| u^n (v^n)^2 - u^\infty (v^\infty)^2 + (u^\infty)^2 v^\infty - (u^n)^2 v^n \|_{B^s_{p,r}} \\ &\leq C \| v^n - v^\infty \|_{B^s_{p,r}} \| v^n \|_{B^s_{p,r}} (\| v^n \|_{B^s_{p,r}} + \| v^\infty \|_{B^s_{p,r}}) + \\ &\quad C \| u^n - u^\infty \|_{B^s_{p,r}}) \| v^\infty \|^2_{B^s_{p,r}} \\ &\leq C \| v^n - v^\infty \|_{B^s_{p,r}} (\| v^n \|^2_{B^s_{p,r}} + \| v^\infty \|^2_{B^s_{p,r}}) \\ &\leq C M^2 \| v^n - v^\infty \|_{B^s_{p,r}}. \end{aligned} \tag{3–23}$$

另外，容易验证关于 y^n 的方程组满足引理 1.4.8 所需的条件. 由于空间

$B_{p,r}^s$ 关于函数加乘是一个代数，根据式（3 – 22）我们知道 $\{f^n\}_{n \in \bar{\mathbb{N}}}$ 在空间 $C([0,T];B_{p,r}^s)$ 中一致有界，并且：

$$\| (u^n)^2 \|_{B_{p,r}^{s+1}} \leqslant C \| u^n \|_{B_{p,r}^{s+1}}^2 \leqslant C \| v^n \|_{B_{p,r}^s}^2 \leqslant CM^2.$$

同时，我们有：

$$\| (u^n)^2 - (u^\infty)^2 \|_{B_{p,r}^s} \leqslant \| u^n - u^\infty \|_{B_{p,r}^s} \| u^n + u^\infty \|_{B_{p,r}^s}$$

$$\leqslant CM \| (v^n - v^\infty)(t) \|_{B_{p,r}^{s-1}}.$$

结合式（3 – 17）和式（3 – 19），我们得到，在空间 $L^1(0,T;B_{p,r}^{s-1})$ 中 $v^n \rightarrow v^\infty$. 进而 $(u^n)^2$ 在空间 $L^1(0,T;B_{p,r}^s)$ 中趋于 $(u^\infty)^2$，这就保证了在 $r < \infty$ 时 y^n 在空间 $C([0,T];B_{p,r}^s)$ 中收敛到 y^∞. 换言之，对任意 $\varepsilon > 0$，存在一个足够大的 n 使得：

$$\| y^n - y^\infty \|_{B_{p,r}^s} < \varepsilon. \tag{3 – 24}$$

把式（3 – 22）和式（3 – 23）代入式（3 – 21），并利用式（3 – 24）导出：

$$\| v^n - v^\infty \|_{B_{p,r}^s} \leqslant \| y^n - y^\infty \|_{B_{p,r}^s} + \| z^n \|_{B_{p,r}^s}$$

$$\leqslant \varepsilon + Ce^{CM^2T} \left(\| v_0^n - v_0^\infty \|_{B_{p,r}^s} + \int_0^t \| v^n - v^\infty \|_{B_{p,r}^s} dt' \right).$$

然后，再根据 Gronwall 不等式，得到：

$$\| (v^n - v^\infty)(t) \|_{B_{p,r}^s} \leqslant C'(\varepsilon + \| v_0^n - v_0^\infty \|_{B_{p,r}^s}),\ \text{for all}\ t \in [0,T],$$

这里常数 C' 不依赖于 n. 所以我们得到了方程（3 – 2）的解 v 在空间 $C([0,T];B_{p,r}^s)$ 对初值 $v_0 \in B_{p,r}^s, r < \infty$ 的连续依赖性.

对于 $r = \infty$ 的情形，我们已经有：

$$\| v^n - v^\infty \|_{L^\infty(0,T;B_{p,\infty}^{s-1})} \xrightarrow{n \to \infty} 0.$$

另外，根据命题 1.4.3，对任意一固定的函数 $\phi \in B_{p',1}^{-s}$，我们有：

$$\langle v^n(t) - v^\infty(t), \phi \rangle = \langle S_j[v^n(t) - v^\infty(t)], \phi \rangle - \langle (\mathrm{Id} - S_j)[v^n(t) - v^\infty(t)], \phi \rangle$$

$$= \langle v^n(t) - v^\infty(t), S_j \phi \rangle + \langle v^n(t) - v^\infty(t), (\mathrm{Id} - S_j)\phi \rangle.$$

然后，利用引理 1.4.1，可以得到：

$$| \langle v^n(t) - v^\infty(t), (\mathrm{Id} - S_j)\phi \rangle | \leqslant CM \| \phi - S_j \phi \|_{B_{p',1}^{-s}}, \tag{3 – 25}$$

以及

$$| \langle v^n(t) - v^\infty(t), S_j \phi \rangle | \leqslant CM \| v^n - v^\infty \|_{L^\infty(0,T;B_{p,r}^{s-1})} \| S_j \phi \|_{B_{p',1}^{1-s}}. \tag{3 – 26}$$

信毅学术文库

注意，当 $j \to \infty$ 时 $\parallel \phi - S_j \phi \parallel_{B_{p',1}^{-s}}$ 趋于 0；以及 当 $n \to \infty$ 时 $\parallel v^n -$ $v^\infty \parallel_{L^\infty(0,T;B_{p,r}^{s-1})}$ 趋于 0. 所以在 j 足够大时式 (3-25) 可以任意小. 固定 j，让 n 趋向无穷，式 (3-26) 右边趋于 0. 这样，我们得到在 $r = \infty$ 时 $\langle v^n(t) - v^\infty(t), \phi \rangle$ 趋于 0.

证毕.

注 3.2.4 注意到 $H^s = B_{2,2}^s$. 当 $s > \dfrac{1}{2}$ 时，通过定理 3.2.2 我们可以得到方程 (3-2) 在空间 $C([0,T];H^s) \cap C^1([0,T];H^{s-1})$ 中的局部适定性.

□

3.3 爆破

在这一节中，我们研究方程 Eq. (3-2) 的爆破问题. 事实上我们将给出一些光滑初值使得方程 Eq. (3-2) 的解会在有限时间内出现奇性.

首先引入下面守恒律引理.

引理 3.3.1 令 $v_0 \in H^s, s > \dfrac{1}{2}$. 那么方程 (3-2) 以 v_0 为初值的解 v 满足下面守恒律：

$$\parallel v(.,t) \parallel_{L^2} = \parallel v_0 \parallel_{L^2},$$

等价地，有：

$$\int_{\mathbb{R}} (u^2 + u_x^2)\, dx = \int_{\mathbb{R}} (u_0^2 + (u_0')^2)\, dx = \parallel u_0 \parallel_{H^1}^2,$$

这里 $u = D^{-1}v = (1 - \partial_x^2)^{-1}(1 + \partial_x)v$ 是由定义 1.4.9 的积分算子.

证明： 根据 v 的定义和方程 (3-2) 的局部适定性，我们有：

$$\parallel v \parallel_{L^2}^2 = \int_{\mathbb{R}} (u - u_x)^2\, dx = \int_{\mathbb{R}} (u^2 + u_x^2 - 2uu_x)\, dx = \int_{\mathbb{R}} (u^2 + u_x^2)\, dx = \parallel u \parallel_{H^1}^2.$$

我们只需要证明引理的第二个等式. 由方程 (3-2) 和分部积分可得：

$$\frac{d}{dt} \parallel v \parallel_{L^2}^2 = 2 \int_{\mathbb{R}} vv_t\, dx$$

$$= 2 \int_{\mathbb{R}} v(-u^2 v_x - uu_x v)\, dx$$

$$= 2 \int_{\mathbb{R}} (uu_x v^2 - uu_x v^2)\, dx$$

$$= 0.$$

所以 $\|v\|_{L^2}$ 是一个守恒量.　　　　　　　　　　　　　　　　　　□

事实上，在 Lagrangian 坐标下可以更自然地导出 $v(t,x)$ 的 L^2 – 范数守恒，通过后面的引理 3.3.3 可以看到这一点. 现在，我们先给出方程 (3 – 2) 的一个爆破准则.

引理 3.3.2　令 $v_0(x) \in H^s, s > \dfrac{1}{2}$，假设方程 (3 – 2) 以 $v_0(x)$ 为初值的解的极大存在时间为 T. 那么对应的解 $v(x,t)$ 在有限时间 $(0,T]$ 内爆破当且仅当：

$$\limsup_{t \uparrow T} \sup_{x \in \mathbb{R}} uv = + \infty .$$

证明：由方程 (3 – 2) 的局部适定性理论（定理 3.2.2），以及 C_0^∞ 在 Besov 空间中的稠密性，我们只需要考虑 $v_0 \in C_0^\infty$ 的情形.
首先，为了计算 $v(t,x)$ 的 H^1 – 范数，方程 (3 – 2) 两边对 x 求微分再与 v_x 作 L^2 内积，然后分部积分，注意到 $v(t,x)$ 的 L^2 – 范数守恒，我们有：

$$\frac{1}{2}\frac{d}{dt}\|v\|_{H^1}^2 = \frac{1}{2}\frac{d}{dt}\int_{\mathbb{R}}(v_x)^2 dx$$

$$= \int_{\mathbb{R}} v_x \partial_t v_x dx$$

$$= \int_{\mathbb{R}} v_x(-2uu_x v_x - u^2 v_{xx} + u_x v^2 + 2uvv_x - 2uu_x v - u^2 v_x) dx$$

$$= \int_{\mathbb{R}}(-uu_x v_x^2 + u_x v^2 v_x + 2uvv_x^2 - 2uu_x vv - u^2 v_x^2) dx$$

$$= \int_{\mathbb{R}}(-2u^2 v_x^2 + 3uvv_x^2 - v^3 v_x + 2u^2 v^2 - 3uv^3 + v^4) dx$$

$$\leqslant 3\int_{\mathbb{R}}(uvv_x^2) dx + K\|v\|_{H^1}^2 .$$

假设 uv 在 $[0,T)$ 中有上界（$T < \infty$）. 那么有：

$$\frac{d}{dt}\|v\|_{H^1}^2 \leqslant C\|v\|_{H^1}^2 .$$

由 Gronwall 不等式，从而有：

$$\|v(t)\|_{H^1}^2 \leqslant e^{Ct}\|v_0\|_{H^1}^2 .$$

根据方程 (3 – 2) 的局部适定性理论（定理 3.2.2），上面不等式与 $T < \infty$ 是极大存在时间矛盾.　　　　　　　　　　　　　　　　　　　　　□

另外，方程 (3 – 2) 的解具有下面的保号性，这对爆破解的构造有很重要的作用.

  引理 3.3.3 给定 $v_0 \in H^1$,设 T 是方程 (3－2) 以 $v_0(x)$ 为初值的解的极大存在时间. 另外,如果 $v_0(x) \geq 0$ 对所有 $x \in \mathbb{R}$ 均成立. 那么有:
$$v(t,x) \geq 0 \text{ 以及 } u(t,x) \geq 0,$$
对所有 $(t,x) \in [0,T) \times \mathbb{R}$ 均成立.

  证明:我们将在 Lagrangian 坐标下证明该引理,考虑以下初值问题:

$$\begin{cases} \dfrac{d}{dt}q(t,x) = u^2(t,q(t,x)), \ t \in [0,T), x \in \mathbb{R}, \\ q(x,0) = x, x \in \mathbb{R}. \end{cases} \qquad (3-27)$$

根据标准的常微分方程理论,式 (3－27) 存在唯一解 $q \in C^1([0,T) \times \mathbb{R}; \mathbb{R})$. 并且 $q(t,\cdot)$ 是 $\mathbb{R}$ 上的一个单调递增的微分同胚:

$$q_x(t,x) = \exp\left(2\int_0^t u(s,q(s,x))u_x(s,q(s,x))\mathrm{d}s\right) > 0, \ \forall (t,x) \in [0,T) \times \mathbb{R}.$$

由定义式 (3－27) 可以导出,对固定的 $x \in \mathbb{R}$,有:

$$\begin{aligned} \frac{d}{dt}\left[v(t,q(t,x))q_x^2\right] &= v_t q_x^2 + v_x q_t q_x^2 + 2v q_x q_{xt} \\ &= (v_t + u^2 v_x + 4uu_x v)q_x^2 \\ &= 3uu_x v q_x^2. \end{aligned}$$

从而有:

$$v(t,q)q_x^2 = v_0(x)\exp\left(3\int_0^t u(\tau,q(\tau,x))u_x(\tau,q(\tau,x))\mathrm{d}\tau\right).$$

假定 $v_0 \geq 0$,由于 $q(t,\cdot)$ 是一个单增的微分同胚,我们得到 $v(t,x) \geq 0$ 对任意 $(t,x) \in [0,T) \times \mathbb{R}$ 都成立. 另外,根据引理 1.4.9,我们有:

$$u(t,x) = (1-\partial_x^2)^{-1}(1+\partial_x)v(t,x) = \int_x^\infty e^{x-\xi}v(t,\xi)\mathrm{d}x, \qquad (3-28)$$

因为 $v(t,x) \geq 0$,所以 $u(t,x) \geq 0$ 对任意 $(t,x) \in [0,T) \times \mathbb{R}$ 都成立. □

  注 3.3.4 通过上面的证明可以看到 $v(t,q)^2 q_x = v_0^2(x)$,由于映射 $q(t,\cdot)$ 是 $\mathbb{R}$ 上的微分同胚,两边积分得到 $\|v(t,\cdot)\|_{L^2}^2 = \|v_0\|_{L^2}^2$. 事实上,引入 Lagrangian 坐标启发了我们去证明引理 3.3.1.

下面是本节的主要定理,我们找到了一些足够光滑的初始函数,使得方程 (3－2) 对应的解在有限时间内爆破.

定理 3.3.5　假设 $v_0 \in H^s, s > \dfrac{3}{2}$，以及 $v_0(x) \geq 0$. 另外，如果存在一点 $x_0 \in \mathbb{R}$，使 $u_0(x_0)v_0(x_0) = u_0(u_0 - \partial_x u_0)(x_0) > \|u_0\|_{H^1}^2$. 那么方程 （3 – 2） 对应的解 $v(t,x)$ 在有限时间内爆破.

证明： 由 Sobolev 空间相互的稠密嵌入性质，我们这里只需要讨论 $s = 2$ 的情形.

首先，根据爆破准则定理 3.3.2，我们考虑 uv 沿流线的微分，由方程 （3 – 2） 和关系式 $v = u - u_x$，我们有：

$$\partial_t(uv) + u^2\partial_x(uv) = u_t v + uv_t + u^2 u_x v + u^3 v_x$$
$$= u_t v + u(-u^2 v_x - uu_x v) + u^2 u_x v + u^3 v_x$$
$$= u_t v.$$

从引理 1.4.9 可以得到 $u_t = (1 - \partial_x^2)^{-1}(1 + \partial_x)v_t$. 所以有：

$$\partial_t(uv) + u^2\partial_x(uv) = v(1 - \partial_x^2)^{-1}(1 + \partial_x)(-u^2 v_x - uu_x v)$$
$$= v(1 - \partial_x^2)^{-1}(1 + \partial_x)((1 - \partial_x)(u^2 v) + uu_x v - u^2 v)$$
$$= u^2 v^2 - v(1 - \partial_x^2)^{-1}(1 + \partial_x)(uv^2)$$
$$= u^2 v^2 - v\int_x^\infty e^{x-\xi}u(\xi)v^2(\xi)d\xi$$
$$\geq u^2 v^2 - ve^x \sup_{\xi \geq x}(e^{-\xi}u(\xi))\int_x^\infty v^2(\xi)d\xi, \qquad (3 - 29)$$

最后一个不等式成立是因为我们有 $u(t,x) \geq 0$，这可以从引理 3.3.3 和假设 $v_0(x) \geq 0$ 得到. 下面我们希望找到式 （3 – 29） 右边的最后一项的上界. 可以证明在固定 $t \in [0,T)$ 时，函数 $e^{-\xi}u(t,\xi)$ 关于 ξ 是单调递减的. 事实上，我们有：

$$\partial_\xi(e^{-\xi}u(\xi)) = e^{-\xi}(u_x(\xi) - u(\xi)) = -e^{-\xi}v(\xi) \leq 0,$$

这表明：

$$\sup_{\xi \geq x}(e^{-\xi}u(\xi)) = u(x). \qquad (3 - 30)$$

由守恒律引理 3.3.1，有：

$$\int_x^\infty v^2 d\xi \leq \|v\|_{L^2}^2 = \|v_0\|_{L^2}^2 = \|u_0\|_{H^1}^2. \qquad (3 - 31)$$

将式 （3 – 30） 和式 （3 – 31） 代入式 （3 – 29） 右边最后一项可得：

$$\partial_t(uv) + u^2\partial_x(uv) \geq (uv)^2 - \|u_0\|_{H^1}^2 uv. \qquad (3 - 32)$$

现在定义 $w(t) := \sup\limits_{x \in \mathbb{R}}[(uv)(t,q(t,x))]$，这里 $q(t,x)$ 是根据式（3 - 27）定义的由 u^2 产生的流. 从上面不等式，我们得到：

$$\frac{dw}{dt} \geq w^2 - \| u_0 \|_{H^1}^2 w, \quad \forall\, t \in (0, T).$$ （3 - 33）

由于已经假定 $w(0) > \| u_0 \|_{H^1}^2$，进而我们有：

$$w(t) > \| u_0 \|_{H^1}^2, \quad \forall\, t \in (0, T).$$ （3 - 34）

解微分不等式（3 - 33），得到：

$$0 \leq \frac{w}{w - \| u_0 \|_{H^1}^2} \leq \frac{w_0}{w_0 - \| u_0 \|_{H^1}^2} e^{-\| u_0 \|_{H^1}^2 t}.$$

注意到 $\dfrac{w_0}{w_0 - \| u_0 \|_{H^1}^2} \geq 1$. 所以存在 T：

$$0 \leq T \leq \frac{1}{\| u_0 \|_{H^1}^2} \log \frac{w_0}{w_0 - \| u_0 \|_{H^1}^2},$$

当 $t \to T$ 时，有：

$$w(t) \geq \frac{\| u_0 \|_{H^1}^2}{1 - \dfrac{w_0 - \| u_0 \|_{H^1}^2}{w_0} e^{\| u_0 \|_{H^1}^2 t}} \to +\infty,$$ （3 - 35）

这样，我们证明了解 $u(t,x)$ 在有限时间内爆破. □

本节最后，我们将给出定理 3.3.5 对应解的爆破率. 首先引入下面引理.

引理 3.3.6[61] 设 $T > 0$ 及 $u \in C^1([0, T); H^2)$. 那么对任何 $t \in [0, T)$，至少存在一点 $\xi(t) \in \mathbb{R}$ 使关于 t 的函数：

$$s(t) \triangleq \inf\limits_{x \in \mathbb{R}}(u_x(x, t)) = u_x(t, \xi(t)),$$

在 $(0, T)$ 上绝对连续，并且：

$$s'(t) = u_{xt}(t, \xi(t)), \quad \text{a. e. } t \in (0, T).$$

定理 3.3.7 令 $v_0 \geq 0, v_0 \in H^s(\mathbb{R}), s > 1, (u_0 v_0)(x_0) > \| u_0 \|_{H^1}^2$，假设 T 是方程（3 - 2）对应解 v 的爆破时间. 那么在靠近 T 时，解 v 满足爆破率：

$$\limsup\limits_{\substack{t \to T \\ x \in \mathbb{R}}} uv(t, x)(T - t) = 1.$$ （3 - 36）

证明： 回顾定理 3.3.5 的证明，由表达式（3 - 29），我们有：

$$\partial_t(uv) + u^2 \partial_x(uv) = u^2 v^2 - v \int_x^\infty e^{x - \xi} u(\xi) v^2(\xi) d\xi.$$

根据假定 $v_0 \geq 0$ 可以推出 $\min\{u(x,t), v(x,t)\} \geq 0$，再结合不等式 (3-32) 可以得到：

$$(uv)^2 - \|u_0\|_{H^1}^2 uv \leq \partial_t(uv) + u^2 \partial_x(uv) \leq (uv)^2. \qquad (3-37)$$

再次，和式 (3-27) 一样定义流 $q(x,t)$. 记：

$$\widetilde{uv}(x,t) = uv(q(x,t), t),$$

那么，对固定的 $x \in \mathbb{R}$，由上面不等式可以得到：

$$(\widetilde{uv})^2 - \|u_0\|_{H^1}^2 \widetilde{uv} \leq \frac{d}{dt}\widetilde{uv} \leq (\widetilde{uv})^2. \qquad (3-38)$$

现在，定义 $w(t) := \sup\limits_{x \in \mathbb{R}} \widetilde{uv}(x,t)$，注意到式 (3-34) 表明 $w(t) > 0, t \in (0, T)$，运用引理 3.3.6，我们有：

$$1 - \frac{\|u_0\|_{H^1}^2}{w^2(t)} \leq \frac{1}{w^2(t)} \frac{d}{dt}w(t) \leq 1, \quad \text{a.e. } t \in (0, T). \qquad (3-39)$$

考虑到，当 $t \to T$ 时 $w(t) \to \infty$. 所以对任意 $\epsilon > 0$，存在 $t_0 \in (0, T)$ 使得：

$$\frac{\|u_0\|_{H^1}^2}{w^2(t)} < \epsilon,$$

回到式 (3-39)，两边同时对 t 在区间 $(t', T) \subset [t_0, T)$ 上积分，再次利用 $\lim\limits_{t \to T} w(t) = +\infty$，推出：

$$(1 - \epsilon)(T - t') \leq \frac{1}{w(t')} \leq T - t'. \qquad (3-40)$$

由 $\epsilon > 0$ 和 $t' \in [t_0, T)$ 的任意性，从式 (3-40) 推出式 (3-36) 成立.

$\square$

第4章 周期可积色散 Hunter – Saxton 方程的爆破现象和行波解

4.1 引论

本章我们主要考虑下面带色散项的 Hunter – Saxton 方程在周期边值下的 Cauchy 问题：

$$\begin{cases} u_{xt} = u + 2uu_{xx} + u_x^2, \\ u(t,x) \mid_{t=0} = u_0(x), \\ u(t,x+1) = u(t,x). \end{cases} \tag{dHS}$$

Hone，Novikov 和 Wang 在 [43] 中证明上述方程是完全可积的. 方程右端 u 为色散项，去掉该项再通过伸缩变换 $u \to \dfrac{1}{2}u$ 可变成 Hunter – Saxton 方程：

$$(u_t + uu_x)_x = \frac{1}{2}u_x^2. \tag{4-1}$$

Hunter – Saxton 方程是描述液晶向量场运动的主要物理方程，图 4 – 1 为微观下液晶体受电流作用发生向列角度偏移，其偏移角度由 Hunter – Saxton 方程中的 $u(x,t)$ 所描述。

本章内容安排如下：首先我们在 4.1 节利用 Kato 半群方法建立起方程 (dHS) 在空间 $H^s(\mathbb{S}), s > \dfrac{3}{2}$ 中的局部适定性. 4.2 节，我们导出了方程的一些重要的守恒律，并利用这些守恒量来控制解的 H^1 范数. 4.3 节，我

图 4 – 1　微观下的液晶向列图示

们给出了方程（dHS）解的一个精确爆破准则，进而运用该爆破准则得到一个强解的爆破结果，并且得到了这些解在接近临界时间的爆破率. 4.4 节讨论方程（dHS）的行波解，从而证明整体解的存在性. 基于方程（dHS）解的保号性，我们可以将初始方程转换成 sinh – Gordon 方程，利用 sinh – Gordon 方程的行波解以及两方程周期之间的关系，最终得到了方程（dHS）的行波解.

4.2　局部解

为了建立起方程（dHS）在空间 $H^s(\mathbb{S}), s > \dfrac{3}{2}$ 中的局部适定性，我们首先考虑下面的 Cauchy 问题：

$$
\begin{cases}
(u_t - 2u\partial_x u)_x = u - u_x^2 - \int_0^1 (u - u_x^2)dy, & t > 0, x \in \mathbb{R}, \\
u(t, x+1) = u(t,x), & t \geq 0, x \in \mathbb{R}, \\
u(t,x)\big|_{t=0} = u_0(x), & x \in \mathbb{R}.
\end{cases}
\tag{4-2}
$$

与原来方程（dHS）相比，第一个方程减去了 $\int_0^1 (u - u_x^2)$，这是为了确保当 u 属于某空间 $H^s(\mathbb{S})$ 时，右边积分 $\int_0^x$ 仍然是连续的周期函数. 方程（4 – 2）左右两边同时对 x 积分，再选定一特定的边界项，我们可以把方程（4 – 2）

转换成下面输运方程的形式.

$$\begin{cases} u_t - 2u\partial_x u = \partial_x^{-1}(u - u_x^2) - \int_0^1 \partial_x^{-1}(u - u_x^2)(y)dy, & t > 0, x \in \mathbb{R}, \\ u(t, x + 1) = u(t, x), & t \geqslant 0, x \in \mathbb{R}, \\ u(t, x)\big|_{t=0} = u_0(x), & x \in \mathbb{R}. \end{cases}$$

$$(4-3)$$

其中 $\partial_x^{-1} f(x) := \int_0^x (f(y) - \int_0^1 f(z)dz)dy$. 选择边界项等于 $\int_0^1 \partial_x^{-1}(u -$

$u_x^2)(y)dy$ 是为了保证积分量 $\int_0^1 (u - u_x^2)(t, y)dy$ 守恒, 我们将在后面证明

这点.

令 $\mathbb{S}$ 表示周长为单位长度的圆. $\mathbb{S}$ 上的函数 $f(x)$ 的 Sobolev 范数是由其

Fourier 级数 $\hat{f}(n), n \in \mathbb{Z}$ 定义的, 确切地说,

$$\|f\|_{H^s(\mathbb{S})}^2 = \sum_{n=-\infty}^{\infty} (1 + n^2)^s |\hat{f}(n)|^2.$$

简单起见, 有时我们用 $\|\cdot\|_s$ 表示 $H^s(\mathbb{S})$ 范数. 为了得到 Cauchy 问题式

(4 – 3) 初值 $u_0 \in H^s(\mathbb{S}), s > \dfrac{3}{2}$ 时的局部适定性, 我们将参考 Yin 在

[46] 中讨论下面 Hunter – Saxton 方程时用到的 Kato 方法:

$$\begin{cases} u_{xt} = a - uu_{xx} - \dfrac{1}{2}u_x^2, & t > 0, x \in \mathbb{R}, \\ u(t, x)\big|_{t=0} = u_0(x), & x \in \mathbb{R}, \\ u(t, x + 1) = u(t, x) & t > 0, x \in \mathbb{R}, \end{cases}$$

$$(4-4)$$

这里 $a = -\dfrac{1}{2}\int_{\mathbb{S}} u_x^2 dx = -\dfrac{1}{2}\int_{\mathbb{S}} u_{0,x}^2 dx$ 是一个常数. 与 Hunter – Saxton 方程类

似, 利用 Kato 方法, 对于式 (4 – 3) 的局部适定性我们有下面结论.

定理 4.2.1　给定 $u_0 \in H^r(\mathbb{S}), r > \dfrac{3}{2}$. 那么存在极大时间 $T = T(u_0) >$

0, 方程 (4 – 3) 在 $[0, T]$ 上存在唯一解 u, 使得:

$$u = u(\cdot, u_0) \in C([0, T]; H^r(\mathbb{S})) \cap C^1([0, T]; H^{r-1}(\mathbb{S})).$$

并且, 解对初值是连续依赖的, 即映射:

$$u_0 \mapsto u(\cdot, u_0) : H^r(\mathbb{S}) \to C([0, T]; H^r(\mathbb{S})) \cap C^1([0, T]; H^{r-1}(\mathbb{S})),$$

是连续的. 另外, 对任意 $t \in [0, T]$, 我们有下面守恒量:

$$\int_0^1 (u - u_x^2)(t, x) \, dx = \int_0^1 (u_0 - (\partial_x u_0)^2) \, dx.$$

注 4.2.2　定理 4.2.1 中的守恒量蕴含了方程 (dHS) 在空间 $H^s(\mathbb{S})$, $s > \dfrac{3}{2}$ 中的局部适定性. 事实上, 对初值 $u_0 \in H^s(\mathbb{S}), s > \dfrac{3}{2}$ 满足 $\int_0^1 (u_0 - u_{0x}^2) \, dx = 0$ 时, 方程 (dHS) 和方程 (4 – 3) 是等价的: 一方面, 如果 u_0 满足 $\int_0^1 (u_0 - u_{0x}^2) \, dx = 0$, 由定理 4.2.1 可知, 方程 (4 – 3) 的解满足 $\int_0^1 (u - u_x^2)(t, x) \, dx = 0$. 方程 (4 – 3) 两边同时对 x 求导, 从而 u 满足方程 (dHS). 另一方面, 如果 $u(t, x)$ 是方程 (dHS) 的解, 自然有 $\int_0^1 u(t, x) \, dx = \int_0^1 u_x^2(t, x) \, dx = \int_0^1 u(0, x) \, dx = \int_0^1 u_x^2(0, x) \, dx$. 这样, 方程 (dHS) 两边同时对 x 积分, 我们容易得到 $u(t, x)$ 满足方程 (4 – 3). 根据定理 4.2.1 和注 4.2.2, 对方程 (dHS) 我们有下面适定性结论.

定理 4.2.3　给定 $u_0 \in H^r(\mathbb{S}), r > \dfrac{3}{2}$. 假设 u_0 满足条件:

$$\int_0^1 (u_0 - (\partial_x u_0)^2) \, dx = 0.$$

那么存在极大时间 $T = T(u_0) > 0$, 方程 (dHS) 在 $[0, T)$ 上存在唯一解 u, 使得:

$$u = u(\cdot, u_0) \in C([0, T); H^r(\mathbb{S})) \cap C^1([0, T); H^{r-1}(\mathbb{S})).$$

并且, 解对初值是连续依赖的, 即映射:

$$u_0 \mapsto u(\cdot, u_0) : H^r(\mathbb{S}) \to C([0, T); H^r(\mathbb{S})) \cap C^1([0, T); H^{r-1}(\mathbb{S})),$$

是连续的. 另外, 对任意 $t \in [0, T)$, 我们有下面守恒量:

$$\int_0^1 (u - u_x^2)(t, x) \, dx = \int_0^1 (u_0 - (\partial_x u_0)^2) \, dx = 0.$$

为了证明定理 4.2.1, 我们首先回顾在处理抽象的拟线性发展方程的 Cauchy 问题时用到的 Kato 方法. 为了叙述的方便, 我们只考虑下面简化的模型:

$$\begin{cases} \dfrac{d}{dt} v + A(v)v = f(t, v), & t \geqslant 0, \\ v(0) = \phi. \end{cases} \tag{4 – 5}$$

信毅学术文库

令 X、Y 为两个自反的 Banach 空间，其中 Y 连续嵌入 X ，并在 X 中稠密. Q 是从 Y 到 X 的同构映射. 假设算子 A 以及 $f(t,\cdot)$ 满足条件：

（1）对任意 $y \in X$，$A(y) \in L(Y,X)$ 满足：

$$\|(A(y) - A(z))w\|_X \leqslant \mu_1 \|y - z\|_X \|w\|_Y, y,z,w \in Y,$$

另外，$A(y) \in G(X,1,\beta)$（i. e.，$A(y)$ 是拟 - m -增长的），并且在 Y 的有界集上一致有界.

（2）$QA(y)Q^{-1} = A(y) + B(y)$ ，其中 $B(y) \in L(X)$ 在 Y 的有界集上保持一致有界. 并且有：

$$\|(B(y) - B(z))w\|_X \leqslant \mu_2 \|y - z\|_Y \|w\|_X, y,z \in Y, w \in X.$$

（3）对固定的 $y \in Y, t \to f(t,y)$ 是从 $[0,\infty)$ 到 X 的连续映射. 对任一 $t \in [0,\infty), f(t,y):Y \to Y$ 可以延拓为从 X 到 X 映射，f 在 Y 的有界集上保持一致有界，并且有：

$$\|f(t,y) - f(t,z)\|_Y \leqslant \mu_3 \|y - z\|_Y, t \in [0,\infty), y,z \in Y, \quad (4-6)$$

$$\|f(t,y) - f(t,z)\|_X \leqslant \mu_4 \|y - z\|_X, t \in [0,\infty), y,z \in X. \quad (4-7)$$

这里 μ_1、μ_2、μ_3 以及 μ_4 只依赖于 $\max\|y\|_Y, \|z\|_Y$.

定理 4.2.4 （Kato[62]）假设（1）、（2）、（3）成立. 给定 $\phi \in Y$，那么存在极大时间 $T > 0$，T 仅依赖于 $\|\phi\|_Y$，式（4-5）存在唯一解 v 使得：

$$v = v(\cdot,\phi) \in C([0,T);Y) \cap C^1([0,T);X).$$

并且 $\phi \to v(\cdot,\phi)$ 是从 Y 到 $C([0,T);Y) \cap C^1([0,T);X)$ 的连续映射.

在上面的设定中令 $A(u) = -2u\partial_x, f(t,u) = \partial_x^{-1}(u - u_x^2) - \int_0^1 \partial_x^{-1}(u - u_x^2)(y)dy, Y = H^r(\mathbb{S}), X = H^{r-1}(\mathbb{S})$，以及 $Q = \Lambda = (1 - \partial_x^2)^{\frac{1}{2}}$. 显然，$Q$ 是从 $H^r(\mathbb{S})$ 到 $H^{r-1}(\mathbb{S})$ 的一个同构. 根据定理 4.2.4，应用 Kato 方法证明 4.2.1，我们只需要验证 $A(u)$ 和 $f(t,u)$ 满足条件（1）~（3）.

完成上述证明，我们需要以下引理.

引理 4.2.5[62] 假如实数 s、t 满足 $-s < t \leqslant s$，函数 $f \in H^s(\mathbb{S}), g \in H^t(\mathbb{S})$，那么有：

$$\|fg\|_t \leqslant C\|f\|_s\|g\|_t, \quad 当 s > \frac{1}{2},$$

$$\|fg\|_{s+t-\frac{1}{2}} \leqslant C\|f\|_s\|g\|_t, \quad 当 s < \frac{1}{2},$$

其中 C 是只依赖于 s、t 的常数.

引理 4.2.6[46]　令 $u \in H^r(\mathbb{S})$, $r > \dfrac{3}{2}$. 那么算子 $A(u) = -2u\partial_x$ 在空间 L^2 和 H^{r-1} 中是拟 $-m-$ 增长的，即存在 $\beta_1, \beta_2 \in \mathbb{R}$ 使得：

$$A(u) \in G(L^2(\mathbb{S}), 1, \beta_1) \cap G(H^{r-1}(\mathbb{S}), 1, \beta_2),$$

另外，$A(u) \in L(H^r(\mathbb{S}), H^{r-1}(\mathbb{S}))$，并且我们有下列估计：

$$\|(A(u) - A(v))w\|_{r-1} \leqslant \mu_1 \|u - v\|_{r-1} \|w\|_r, \forall u, v, w \in H^r(\mathbb{S}).$$

引理 4.2.7[46]　对任意 $u \in H^r(\mathbb{S})$ 有 $B(u) = [\Lambda, -2u\partial_x]\Lambda^{-1} \in L(H^{r-1}(\mathbb{S}))$，以及

$$\|(B(u) - B(v))w\|_{r-1} \leqslant \mu_2 \|u - v\|_r \|w\|_{r-1},$$

对任意 $u, v \in H^r(\mathbb{S})$ 和 $w \in H^{r-1}(\mathbb{S})$ 都成立.

以上两引理的证明参考［46］中的引理式（2.6）~式（2.9）. 最后对于式（4-3）中的右端项 $f(t, u)$ 我们有下面的估计.

引理 4.2.8　设 $f(t, u) = \partial_x^{-1}(u - u_x^2) - \displaystyle\int_0^1 \partial_x^{-1}(u - u_x^2)(y) dy$. 那么 $f(t, u)$ 在 $H^r(\mathbb{S})$ 的有界集上保持一致有界，并且：

（1）$\|f(t, v) - f(t, w)\|_r \leqslant \mu_3 \|v - w\|_r$, $\quad v, w \in H^r(\mathbb{S})$,

（2）$\|f(t, v) - f(t, w)\|_{r-1} \leqslant \mu_4 \|v - w\|_{r-1}$, $\quad v, w \in H^{r-1}(\mathbb{S})$.

证明： 设 $v, w \in H^r(\mathbb{S})$, $r > \dfrac{3}{2}$, 记 $M(v, w) := \displaystyle\int_{\mathbb{S}} \partial_x^{-1}(v - w)(y) dy + \displaystyle\int_{\mathbb{S}} \partial_x^{-1}(v_x^2 - w_x^2)(y) dy$. 这样 $M(v, w)$ 关于 x 是一个常值函数，由嵌入 $H^{r-1} \hookrightarrow L^\infty$ 以及引理 4.2.5，对任意 $p \in \mathbb{R}$ 我们有：

$$
\begin{aligned}
\|M(v, w)\|_p &= |M(v, w)| \\
&\leqslant \|\partial_x^{-1}(v - w)\|_{L^\infty(\mathbb{S})} + \|\partial_x^{-1}(v_x^2 - w_x^2)\|_{L^\infty(\mathbb{S})} \\
&\leqslant C\|\partial_x^{-1}(v - w)\|_{r-1} + C\|\partial_x^{-1}(v_x^2 - w_x^2)\|_{r-1} \\
&\leqslant C\|v - w\|_{r-2} + C\|(v_x + w_x)(v_x - w_x)\|_{r-2} \\
&\leqslant C\|v - w\|_{r-2} + C\|v + w\|_r \|v - w\|_{r-1} \\
&\leqslant C(1 + \|v\|_r + \|w\|_r)\|v - w\|_{r-1}. \quad\quad (4-8)
\end{aligned}
$$

考虑到 $H^{r-1}(\mathbb{S})$ 是一个 Banach 代数. 从式（4-8）可得：

$$\|f(t, v) - f(t, w)\|_r = \|\partial_x^{-1}(v - w) - \partial_x^{-1}(v_x^2 - w_x^2) - M(v, w)\|_r$$

$$\leqslant C \parallel v - w \parallel_{r-1} + C \parallel (v_x^2 - w_x^2) \parallel_{r-1} + \parallel M(v,w) \parallel_r,$$

$$\leqslant C \parallel v - w \parallel_r + C \parallel v_x + w_x \parallel_{r-1} \parallel v_x - w_x \parallel_{r-1} + | M(v,w) |$$

$$\leqslant C(1 + \parallel v \parallel_r + \parallel w \parallel_r) \parallel v - w \parallel_r$$

$$= \mu_3 \parallel v - w \parallel_r.$$

这证明了 (1). 上面不等式中令 $w = 0$, 可知 $f(t,u)$ 在 $H^r(\mathbb{S})$ 的有界集上一致有界. 对于 (2), 我们有:

$$\parallel f(t,v) - f(t,w) \parallel_{r-1} = \parallel \partial_x^{-1}(v - w) - \partial_x^{-1}(v_x^2 - w_x^2) - M(v,w) \parallel_{r-1}$$

$$\leqslant C \parallel v - w \parallel_{r-2} + C \parallel (v_x^2 - w_x^2) \parallel_{r-2} + \parallel M(v,w) \parallel_{r-1}$$

$$\leqslant C \parallel v - w \parallel_{r-1} + C \parallel \partial_x(v + w) \parallel_{r-1} \parallel v_x - w_x \parallel_{r-2} + | M(v,w) |$$

$$\leqslant C(1 + \parallel v \parallel_r + \parallel w \parallel_r) \parallel v - w \parallel_{r-1}$$

$$= \mu_4 \parallel v - w \parallel_{r-1},$$

这里我们用了引理 4.2.5, 其中 $s = r - 1, t = r - 2$. □

证明: [定理 4.2.1 的证明] 结合定理 4.2.4 以及引理 4.2.6 至引理 4.2.8, 我们可以直接得到定理 4.2.1 的适定性部分. 对于守恒律性质, 方程 (4-2) 两边同时乘以 u_x, 在圆 $\mathbb{S}$ 上分部积分, 我们有:

$$\frac{1}{2} \frac{d}{dt} \int_{\mathbb{S}} u_x^2(t,x) \, dx = \int_{\mathbb{S}} u_x u_{xt} \, dx$$

$$= \int_{\mathbb{S}} u_x (u + 2uu_{xx} + u_x^2 - \int_{\mathbb{S}} (u - u_x^2) \, dy) \, dx$$

$$= \int_{\mathbb{S}} (uu_x - u_x^3 + u_x^3) \, dx$$

$$= 0,$$

另外, 方程 (4-3) 直接对 x 在 $\mathbb{S}$ 上积分可得:

$$\frac{d}{dt} \int_{\mathbb{S}} u(t,x) \, dx = \int_{\mathbb{S}} (2uu_x + \partial_x^{-1}(u - u_x^2) - \int_{\mathbb{S}} \partial_x^{-1}(u - u_x^2) \, dy) \, dx$$

$$= 0.$$

这样, 我们完成了定理 4.2.1 的证明. □

4.3　爆破

这一节我们研究方程（dHS）解的爆破现象. 通过下面的构造我们得到了一些特定的初始函数, 使方程（dHS）对应的解的斜率 u_x 会在有限时间内趋于无穷.

首先, 我们有下面守恒律.

引理 4.3.1　设 $u_0 \in H^s, s > \dfrac{3}{2}$. 那么方程（dHS）以 u_0 为初值对应的解满足守恒律:

$$\| u_x(\cdot, t) \|_{L^2(\mathbb{S})} = \| \partial_x u_0 \|_{L^2(\mathbb{S})}, \quad \int_{\mathbb{S}} u(x, t) dx = \int_{\mathbb{S}} u_0(x) dx.$$

更确切地, 我们有:

$$\int_{\mathbb{S}} u_x^2 dx = \int_{\mathbb{S}} u dx = K,$$

其中 $K \geq 0$ 是只依赖于 u_0 的常数, 从而有:

$$K - \sqrt{K} \leq u(x, t) \leq K + \sqrt{K},$$

对任意 $(x, t) \in \mathbb{S} \times [0, T)$ 都成立.

证明: 方程（dHS）两边同时乘以 u_x, 在 $\mathbb{S}$ 上由分部积分可得:

$$\begin{aligned}
\frac{1}{2} \frac{d}{dt} \| u_x \|_{L^2(\mathbb{S})}^2 &= \int_{\mathbb{S}} u_x u_{xt} dx \\
&= \int_{\mathbb{S}} u_x (u + 2u u_{xx} + u_x^2) dx \\
&= \int_{\mathbb{S}} (u u_x - u_x^3 + u_x^3) dx \\
&= 0,
\end{aligned}$$

这表明 $\| u_x \|_{L^2}$ 是守恒量. 另外, 直接对方程（dHS）两边在 $\mathbb{S}$ 上积分可得:

$$\int_{\mathbb{S}} u_{xt} dx = \int_{\mathbb{S}} (u + 2u u_{xx} + u_x^2) dx = \int_{\mathbb{S}} u dx - \int_{\mathbb{S}} u_x^2 dx = \partial_t \int_{\mathbb{S}} u_x dx = 0.$$

由于 $\| u_x \|_{L^2}$ 是守恒量, 进而我们有:

$$\int_{\mathbb{S}} u(x, t) dx = \int_{\mathbb{S}} u_x^2(x, t) dx = \int_{\mathbb{S}} (\partial_x u_0)^2 dx = K. \tag{4 - 9}$$

显然，这里 $K \geqslant 0$ 只依赖于 u_0 . 所以我们有：

$$\left| u(x,t) - \int_S u(y,t)\,dy \right| = \left| \int_S (u(x,t) - u(y,t))\,dy \right|$$

$$= \left| \int_S \int_y^x u_x(z,t)\,dz\,dy \right|$$

$$\leqslant \sup_{y \in S} \left| \int_y^x u_x(z,t)\,dz \right|$$

$$\leqslant \int_S |u_x(z,t)|\,dz$$

$$\leqslant \sqrt{\int_S |u_x(z,t)|^2\,dz}.$$

根据等式（4-9）最终可得：

$$|u(x,t) - K| \leqslant \sqrt{K},$$

对任意 $(x,t) \in S \times [0,T)$ 都成立. □

事实上，从下面的证明可以看到，由 $\|u_x\|_{L^2}$ 是守恒量以及 $\|u\|_{L^\infty}$ 的有界性，在周期情形下 u 的 H^1 范数是可以被控制的. 现在我们先给出方程（dHS）的一个精确的爆破准则.

引理 4.3.2 令 $u_0(x) \in H^s, s \geqslant 2$，设 T 是方程（dHS）以 $u_0(x)$ 为初值的解 $u(x,t)$ 的极大存在时间. 那么解 $u(x,t)$ 在有限时间内爆破当且仅当：

$$\limsup_{t \uparrow T} \sup_{x \in S} u_x(x,t) = +\infty.$$

证明： 由适定性定理 4.2.1 和稠密性讨论，我们只需要考虑 $u \in C_0^\infty$ 的情形. 首先，对解 u 的 H^1 - 模，我们有：

$$\|u(\cdot,t)\|_{H^1(S)}^2 = \int_S (u^2 + u_x^2)\,dx$$

$$\leqslant \|u\|_{L^\infty}^2 + \int_S u_x^2\,dx$$

$$\leqslant (K + \sqrt{K})^2 + K$$

$$\leqslant C. \tag{4 - 10}$$

方程（dHS）两边同时对 x 求导，并与 u_{xx} 作 L^2 内积，再由分部积分可得：

$$\frac{1}{2}\frac{d}{dt}\int_S u_{xx}^2\,dx = \int_S u_{xx}\partial_t u_{xx}\,dx$$

$$= \int_S u_{xx}(u_x + 4u_x u_{xx} + 2u u_{xxx})\,dx$$

$$= \int_S (u_x u_{xx} + 4 u_x u_{xx}^2 + 2 u u_{xx} u_{xxx}) dx$$

$$= \int_S (4 u_x u_{xx}^2 - u_x u_{xx}^2) dx$$

$$= 3 \int_S u_x u_{xx}^2 dx.$$

假设 u_x 在 $[0,T), T < \infty$ 上有上界，我们可以得到：

$$\frac{d}{dt} \int_S u_{xx}^2 dx \leqslant 6M \int_S u_{xx}^2 dx.$$

应用 Gronwall 不等式，有：

$$\int_S u_{xx}^2 (x, t) dx \leqslant e^{6Mt} \int_S (\partial_{xx} u_0 (x))^2 dx.$$

结合式（4 – 10）以及上面不等式，我们得到：

$$\| u (\cdot, t) \|_{H^2(S)}^2 \leqslant C + e^{6Mt} \| u_0 \|_{H^2(S)}^2.$$

这与 $T < \infty$ 是极大存在时间矛盾.　　　　　　　　　　　□

在后面的讨论中，我们会用到以下引理.

引理 4.3.3[61]　设 $v \in C^1 ([0,T); H^2 (\mathbb{R})), T > 0$，那么对任一 $t \in [0, T)$，至少存在一点 $\xi(t) \in \mathbb{R}$ 使得：

$$m(t) : = \inf_{x \in \mathbb{R}} v_x (x, t) = v_x (t, \xi(t)).$$

其中函数 $m(t)$ 在 $[0,T)$ 上绝对连续，且：

$$\frac{dm}{dt} = v_{x,t} (\xi(t), t) \quad a. e. \ on [0,T).$$

现在我们给出本节的主要定理，从中可以看到对于特定的初值，方程（dHS）的解将在有限时间内爆破.

定理 4.3.4　假设 $u_0 \in H^s, s > 3$，满足下列条件：

$$\int_S (\partial_x u_0)^2 dx = \int_S u_0 dx = K \geqslant 1. \tag{4 – 11}$$

那么方程（dHS）对应的解 $u(t,x)$ 将在有限时间内爆破.

证明：设 $T > 0$ 是方程（dHS）以 $u_0 \in H^3$ 为初值的解 $u(\cdot, t)$ 的极大存在时间.根据局部适定性定理 4.2.1 和引理 4.3.3，存在 $[0,T)$ 上的函数 $\xi(t)$ 使 $u_x (\xi(t), t) = \sup_{x \in S} u_x (x, t)$.从方程（dHS）直接可得：

$$u_{xt} (\xi(t), t) = u (\xi(t), t) + 2 u u_{xx} (\xi(t), t) + u_x^2 (\xi(t), t).$$

由于我们考虑的是变量 $x \in S$ 时函数 $u_x(x,t)$ 的极小值，这表明 $u_{xx}(\xi(t),$

$t) = 0, \forall\, t \in [0, T]$. 现在定义 $m(t) := u_x(\xi(t), t)$，再次由引理 4.3.3，我们得到：

$$\frac{dm(t)}{dt} = u(\xi(t), t) + m^2(t), \quad a.e.\, t \in [0, T].$$

根据假设我们已经有 $\int_{\mathbb{S}} u_0 dx = K \geqslant 1$，再由引理 4.3.1 可知：

$$u(\xi(t), t) \geqslant \inf_{x \in \mathbb{S}} u(x, t) \geqslant K - \sqrt{K} := M^2 \geqslant 0.$$

考虑到在周期情形下，$u_0(\cdot)$ 不能是 $\mathbb{S}$ 上的单调或者常值函数（否则将与假设（4 – 11）矛盾）. 所以 $m_0 := \sup_{x \in \mathbb{S}} \partial_x u_0(x) > 0$. 再由上面不等式可得：

$$\frac{dm(t)}{dt} \geqslant M^2 + m^2(t), t \geqslant 0,$$

从而推出：

$$m(t) \geqslant \frac{M \tan Mt + m_0}{1 - \dfrac{m_0}{M} \tan Mt}, t \geqslant 0, \text{当 } K > 1 (M > 0),$$

或者

$$m(t) \geqslant \frac{m_0}{1 - m_0 t}, t \geqslant 0, \quad \text{当 } K = 1 (M = 0).$$

考虑到 $m_0 > 0$，所以存在 T_1、T_2：

$$0 < T_1 \leqslant \frac{1}{M} \arctan \frac{M}{m_0}, \quad 0 < T_2 \leqslant \frac{1}{m_0},$$

使得，在 $K > 1$ 时，当 $t \to T_1$（相应的 $t \to T_2$ 在 $K = 1$ 时）有 $m(t) \to +\infty$.

由爆破准则（引理 4.3.2）这蕴含了方程（dHS）的解将在有限时间内爆破. □

最后，我们给出上面定理的解在接近临界时间的爆破率. 证明过程参考第 3 章定理 3.3.7.

定理 4.3.5 假定 $u_0 \in H^s(\mathbb{S})$，$\int_{\mathbb{S}} (\partial_x u_0)^2 dx = \int_{\mathbb{S}} u_0 dx = K \geqslant 1$ 设 T 是方程（dHS）的解 $u(x, t)$ 的爆破时间. 那么，在接近 T 时下面的爆破率成立：

$$\limsup_{t \to T} \sup_{x \in \mathbb{R}} u_x(x, t)(T - t) = 1.$$

4.4　行波解

这一节，我们将讨论方程（dHS）行波解的存在性．首先，通过变换我们将方程（dHS）转换成 sinh – Gordon 方程．为了使问题简化以及让变量替换可逆，我们将略去一些正则性讨论而先验地假设解的光滑性．涉及了（dHS）与 sinh – Gordon 方程之间的转换，读者可以参考 Hone，Novikov 和 Wang[43]．

方程（dHS）两边对变量 x 求微分，得到下面方程：

$$m_t = 2um_x + 4u_x m, \quad m = 1 + 4u_{xx}. \tag{4-12}$$

容易看到式（4-12）和 Camassa – Holm（CH）方程（相应取 $m = u - u_{xx}$）有同样的形式．受 Camassa – Holm 方程启发，我们可以得到方程（dHS）解的保号性质．

引理 4.4.1　给定 $u_0(x) \in H^3(\mathbb{S})$．把 $u_0(x)$ 看成是 $\mathbb{R}$ 上的周期函数（周期延拓）．假设 $m_0(x) = 1 + 4\partial_{xx}u_0(x) > 0$ 对任意 $x \in \mathbb{R}$ 均成立，设 $T > 0$ 是方程（dHS）以 u_0 为初值的解 $u(\cdot, t)$ 的极大存在时间．那么有：

$$m(x,t) = 1 + 4u_{xx}(x,t) > 0, \quad \forall (x,t) \in \mathbb{R} \times [0,T].$$

证明： 我们在 Lagrangian 坐标下证明该引理．考虑初值问题：

$$\begin{cases} \dfrac{d}{dt}q(x,t) = -2u(q(t,x),t), & t \in [0,T), x \in \mathbb{R}, \\ q(x,0) = x, & x \in \mathbb{R}. \end{cases} \tag{4-13}$$

根据标准的常微分方程理论，可以推出式（4-13）有唯一解 $q \in C^1([0, T) \times \mathbb{R}; \mathbb{R})$．而且，映射 $q(\cdot, t)$ 是 $\mathbb{R}$ 上单调递增的微分同胚，因为：

$$q_x(x,t) = \exp\left(-2\int_0^t u_x(q(s,x),s)\,ds\right) > 0, \quad \forall (x,t) \in \mathbb{R} \times [0,T].$$

由式（4-13）和式（4-12），我们可以推出，对任意 $x \in \mathbb{R}$，

$$\frac{d}{dt}m(q(x,t),t) = m_t(q(t,x),t) + m_x(q(t,x),t)\,q_t(x,t)$$

$$= 4u_x(q(x,t),t)m(q(x,t),t).$$

从而有：

$$m(q(x,t),t) = m_0(x)\exp\int_0^t (4u_x(q(x,\tau),\tau))d\tau.$$

因为 $m_0 > 0$, 以及 $q(\cdot,t)$ 是单调递增的微分同胚, 所以 $m(x,t) > 0$ 对任意 $(x,t) \in \mathbb{R} \times [0,T]$ 都成立. □

在后面的讨论中我们始终假设 $m_0(x) > 0, \forall x \in \mathbb{S}$. 由引理 4.4.1 我们有 $m(x,t) > 0, \forall (x,t) \in \mathbb{S} \times [0,T]$. 在这些假定下, 原始方程 (dHS) 可以写成守恒方程形式:

$$p_t = (2up)_x, \quad p(x,t) = \sqrt{m(x,t)} = \sqrt{1 + 4u_{xx}}. \tag{4-14}$$

我们现在引入下列坐标变换 $(x,t) \mapsto (\xi,t)$:

$$d\xi = p(x,t)dx + 2(up)(x,t)dt. \tag{4-15}$$

由方程 (4-14), 以及 $p(x,t) > 0$ 对任意 $\forall (x,t) \in \mathbb{R} \times [0,T]$ 都成立, 可以看出式 (4-15) 是从 $\mathbb{R}$ 到 $\mathbb{R}$ 的一个双射, 并且伴随着周期的伸缩, 从初始周期为 1 变成:

$$\int_0^1 p(x,t)dx = \int_0^1 p(x,0)dx = \int_0^1 \sqrt{1 + 4\partial_{xx}u_0(x)}dx = k. \tag{4-16}$$

也即, 新的周期是不依赖于 t 的, 这表明对任意 $t \in [0,T]$, 映射 (4-15) 同样是从 $\mathbb{S} = \mathbb{R}/\mathbb{Z}$ 到 $\mathbb{S}' = k\mathbb{R}/\mathbb{Z}$ 双射, 并且存在逆映射满足:

$$dx = \frac{1}{p(x(\xi,t),t)}d\xi - 2u(x(\xi,t),t)dt. \tag{4-17}$$

由此, 我们容易得到:

$$\partial_\xi p(x(\xi,t),t) = \frac{p_x}{p}(x(\xi,t),t), \quad \partial_t p(x(\xi,t),t) = (2u_x p)(x(\xi,t),t),$$

$$\partial_{\xi t} p(x(\xi,t),t) = 2u_{xx}(x(\xi,t),t) + \frac{u_x p_x}{p}(x(\xi,t),t).$$

现在定义 $v(\xi,t) = \ln p(x(\xi,t),t)$. 那么从上面微分关系可以验证 v 满足 Gorden – 型方程:

$$v_{\xi t} = \sinh v. \tag{4-18}$$

此方程被称为 sinh – Gorden 方程, 已经被众多学者深入地研究过, 它在 $\mathbb{R}$ 上的行波解在 [63] 被构造出来, 该行波解有相对复杂的表达式. 由于我们主要关心周期的行波解, 下面的构造显得更简单与自然.

我们希望找到下列形式的行波解:

$$v(\xi,t) = v(z), \quad z = \xi - ct. \tag{4-19}$$

把式（4 - 19）代入式（4 - 18）得到关于 $v(z)$ 的常微分方程：

$$-cv''(z) = \sinh v(z). \tag{4 - 20}$$

本节主要结果包含在下面定理中．

定理 4.4.2　对于每一个 $c > 0$，方程（4 - 20）存在光滑的周期解：

$$\sqrt{\frac{c}{2}}\int_{-v_0}^{v(z)} \frac{dv}{\sqrt{\cosh v_0 - \cosh v}} = |z|, \quad -\frac{1}{2}T_c \leqslant z < \frac{1}{2}T_c, \tag{4 - 21}$$

其中周期 T_c 等于：

$$T_c = \sqrt{2c}\int_{-v_0}^{v_0} \frac{dv}{\sqrt{\cosh v_0 - \cosh v}}.$$

其中 $v_0 > 0$ 是振幅参数．而且方程（4 - 20）的所有周期解都可以通过上述解平移得到．由方程（4 - 20）的周期解 v 我们可以从方程（4 - 12）、方程（4 - 14）、方程（4 - 17）、方程（4 - 19）中反解出 $u(x,t)$，那么 $u(x,t)$ 是恰好是方程（dHS）的行波解当且仅当存在 $n \in \mathbb{N}^+$，使 v_0、c 满足：

$$\sqrt{2c}\int_{-v_0}^{v_0} \frac{\cosh v}{\sqrt{\cosh v_0 - \cosh v}}dv = \frac{1}{n}, \tag{4 - 22}$$

证明：方程（4 - 20）两边同时乘以导数 $v'(z)$，可得：

$$\frac{d}{dz}\left(\frac{1}{2}c(v')^2 + \cosh v\right) = 0.$$

如果该方程存在光滑的周期解，那么 v 在一个周期内至少存在一个极小值 $v(z_0)$，在极小值点 z_0 处有 $v'(z_0) = 0$ 和 $v''(z_0) \geqslant 0$．根据方程（4 - 20）我们知道 $v(z_0) \leqslant 0$．不失一般性，设 $z_0 = 0$ 并且记 $v(0) = -v_0 \leqslant 0$．那么我们可以得到等式：

$$\frac{1}{2}c(v'(z))^2 + \cosh v(z) = \cosh v_0. \tag{4 - 23}$$

解该 ODE，由于 $v(z)$ 从极小值 $-v_0$ 递增到某一极大值，更确切地，当

$$0 \leqslant z \leqslant \int_{-v_0}^{v_0} \frac{dv}{\sqrt{\frac{2}{c}(\cosh v_0 - \cosh v)}} := \frac{1}{2}T_c,$$

时 $v'(z) \geqslant 0$，并且：

$$\int_{-v_0}^{v(z)} \frac{dv}{\sqrt{\frac{2}{c}(\cosh v_0 - \cosh v)}} = z. \tag{4 - 24}$$

另外，在左侧 $v(z)$ 是单调递减的，当

$$-\frac{1}{2}T_c \leqslant z \leqslant 0,$$

同样在这时 $v'(z) \leqslant 0$，并且有：

$$\int_{-v_0}^{v(z)} \frac{dv}{\sqrt{\frac{2}{c}(\cosh v_0 - \cosh v)}} = -z. \qquad (4-25)$$

由周期 T_c 的定义可知：

$$v\left(-\frac{1}{2}T_c\right) = v\left(\frac{1}{2}T_c\right) = v_0.$$

我们可以连续地将 $v(z)$ 周期延拓到实数 $\mathbb{R}$。容易验证延拓得到的 $v(z)$ 是方程（4-20）的一个光滑的周期解。换言之，$v(z)$ 是方程（4-20）在周期域 $\mathbb{S} = T_c \mathbb{R}/\mathbb{Z}$ 上的光滑解，如图 4-2 所示。这就完成了第一部分的证明。

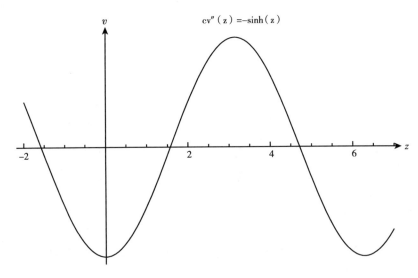

图 4-2 sinh – Gordon 方程的行波解

对于周期的伸缩变换，根据方程（4-17），我们可以通过 $p(x,t)$ 计算最小正周期：

$$T^* = \int_{-T_c/2}^{T_c/2} p^{-1}(x(\xi,t),t)\, d\xi = \int_{-T_c/2}^{T_c/2} e^{-v(z)}\, dz. \qquad (4-26)$$

考虑到初始方程（dHS）是单位周期的，即要求 $p(x,t)$ 的周期为 1. 为了满足这个周期条件，我们要求存在正整数 n，使得：

$$nT^* = 1. \qquad\qquad (4-27)$$

结合式（4–26）和式（4–27），我们有：

$$
\begin{aligned}
\int_{-T_c/2}^{T_c/2} e^{-v(z)}\,dz &= \int_{-T_c/2}^{T_c/2} \left(\cosh v(z) - \sinh v(z)\right)dz \\
&= \int_{-T_c/2}^{T_c/2} \left(\cosh v(z) + cv''(z)\right)dz \\
&= 2\int_{-v_0}^{v_0} \cosh v(z)\,\frac{dz}{dv}dv + c\left(v'\left(\frac{T_c}{2}\right) - v'\left(-\frac{T_c}{2}\right)\right) \\
&= 2\int_{-v_0}^{v_0} \frac{\cosh v(z)}{\sqrt{\dfrac{2}{c}\left(\cosh v_0 - \cosh v\right)}}dv \\
&= \frac{1}{n}.
\end{aligned}
$$

证毕. □

第5章 广义短脉冲方程的局部
适定性和整体存在性

5.1 引论

本节我们考虑以下可积的广义短脉冲方程在周期域 $\mathbb{S} = \dfrac{\mathbb{R}}{\mathbb{Z}}$ 上的 Cauchy

问题[24,43]：

$$
\begin{cases}
u_{xt} = u + \dfrac{1}{2}u(u^2)_{xx}, \\
u(t,x)\mid_{t=0} = u_0(x), \\
u(t,x+1) = u(t,x).
\end{cases}
\tag{SCP}
$$

Sakovich 在 [24] 中研究了短脉冲（short pulse）方程：

$$
u_{xt} = u + \frac{1}{6}(u^3)_{xx}.
\tag{5-1}
$$

的推广形式：

$$
u_{xt} = u + au^2 u_{xx} + buu_x^2.
\tag{5-2}
$$

Sakovich 指出，在完全可积（可以变换成非线性 Klein - Gordon 方程）的前提之下，模型（5-2）中除了短脉冲方程（5-1）还有一种被忽略的情形：

$$
u_{xt} = u + \frac{1}{2}u(u^2)_{xx}.
$$

即本章所研究的方程（SCP）. Sakovich 证明了方程（SCP）由于波长限制，其孤立子解最多只含有一个循环结构（见图 5-1），因此称其为单环脉冲方程. 在 [24] 中, Sakovich 还揭示了它与已知的耦合 SPEs 可积系统的关系, 获得了它的 Lax 对和双哈密顿结构.

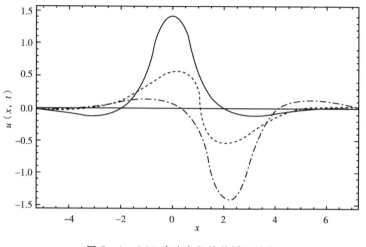

图 5 - 1　*SCP* 脉冲方程的单循环结构

在式 (5 - 2) 中, a 和 b 是任意常数, 不能同时等于零. 事实上, 比率 $\dfrac{a}{b}$ 是式 (5 - 2) 的一个重要参数, 在某种意义上它在 u、x 和 t 的尺度变换下不会改变众所周知的短脉冲方程在 $\dfrac{a}{b} = \dfrac{1}{2}$ 的情况下, 可积分的单周期脉冲方程在 $\dfrac{a}{b} = 1$ 的情况下短脉冲方程 (5 - 1) 首先出现在微分几何的背景下, 并被 Schäfer 和 Wayne 在 [20] 中重新发现, 作为描述传播的麦克斯韦方程的近似模型非线性介质中超短光脉冲的研究. 许多学者已经研究过 SP 方程, 包括它的 Lax 对[48,49], 向正弦—戈登方程的变换[22], 递归算子和层次[21,49], 双汉密尔顿结构和守恒量[21], 孤子解和周期解[22,23,50]. $H^2(\mathbb{R})$ 中 SP 方程的局部适定性由 Schäfer 和 Wayne 在 [20] 中证明. 他们还证明了平滑行波不存在解[20]. 后来, Pelinovsky 和 Sakovich 使用一些守恒量将局部解扩展为全局解[51]. Liu, Sakovich 和 Pelinovsky 在 [52] 中研究了在直线上和周期域中的爆破现象.

值得注意的是, 最近 [43] 中的 Hone, Novikov 和 Wang 重新审视了这两个方程 (5 - 1) 和 (*SCP*), 因为它们提出了下列可积非线性的二阶偏微分方程一般形式的分类：

$$u_{xt} = bu + c_0 u^2 + c_1 u u_x + c_2 u u_{xx} + c_3 u_x^2 + d_0 u^3 + d_1 u^2 u_x + d_2 u^2 u_{xx} + d_3 u u_x^2.$$

众所周知，前面的形式包含许多有趣的方程，除了方程（5-1）和（SCP），下面的 Hunter - Saxton（HS）方程得到了很多关注：

$$(u_t + u u_x)_x = \frac{1}{2} u_x^2. \tag{5-3}$$

方程（5-3）由 Hunter 和 Saxton 作为液晶[17]的渐近模型导出. HS 方程的 x 导数对应于具有恒定正曲率的无限维齐次空间上的测地线流. HS 方程也有双哈密顿结构[17,18]并且是完全可积[44,45]. HS 方程在直线和圆上的初值问题研究[17,46]. 在 [47] 中研究了 HS 方程的全局解. Hunter - Saxton 方程（5-3）也出现在不同的物理背景中作为高频被限制的 Cmassa - Holm（CH）方程[45]. CH 方程可视为浅水波浪方程. 它是完全可积的，具有双哈密尔顿结构，并且具有 $ce^{-|x-ct|}$ 形式的尖峰孤立子解，其中 $c > 0$，其孤立子解具有轨道稳定性. 值得一提的是，峰值是由最大高度的斯托克斯水波的形式所暗含的. CH 方程的柯西问题的局部适定性也得到了广泛研究.

在本章中，我们研究了单环脉冲方程（SCP），它是式（5-2）的广义短脉冲方程的第二种情况，它有 Lax 对和双哈密顿结构，这意味着该方程具有局部更高对称性的无穷多守恒律[24,43].

本章内容安排如下：5.2 节建立了 Cauchy 问题（SCP）在空间 $H^s(\mathbb{S}), s \geq 2$ 中的局部适定性，这里我们首先将方程投影到均值为 0 的函数空间中，再利用 Kato 方法得到局部适定性. 5.3 节，我们严格推导了方程（SCP）和 sine - Gordon 方程之间的等价关系，并且给出了 sine - Gordon 方程一些基本的守恒律. 5.4 节，利用 sine - Gordon 方程的守恒律我们导出了方程（SCP）的一个高阶守恒量，从而得到了解的 H^2 - 范数的上界估计. 再由一个精确的爆破准则我们最终得到了方程（SCP）的一个整体存在性结果.

5.2 局部存在性

首先，我们引入下面记号.

$\mathbb{S} = \dfrac{\mathbb{R}}{\mathbb{Z}}$：单位周长的圆，以及 $k\mathbb{S}$ 表示周长为 k 的圆.

$\tilde{v} = \displaystyle\int_{\mathbb{S}} v(x)\,dx$：函数 v 在 $\mathbb{S}$ 上的积分.

$\mathbb{P}v(x) = v(x) - \tilde{v}$：$v$ 在均值为 0 的函数空间的正交投影.

$$\partial^{-1} v(x) = \int_0^x \mathbb{P}(v)(y)\,dy：微分逆算子. \tag{5-4}$$

第一步，我们先用算子 $\mathbb{P}$ 作用于方程（SCP）两边，将之投影到均值为 0 的函数空间：

$$\begin{cases} \partial_x(u_t - u^2\partial_x u) = \mathbb{P}(u - uu_x^2) = u - uu_x^2 - \overline{u - uu_x^2}, & t > 0, x \in \mathbb{R}, \\ u(t, x+1) = u(t,x), & t \geqslant 0, x \in \mathbb{R}, \\ u(t,x)\big|_{t=0} = u_0(x), & x \in \mathbb{R}. \end{cases}$$

$$\tag{5-5}$$

这里正交投影 $\mathbb{P}$ 是为了保证微分算子 ∂_x 在一定意义下的可逆性. 容易看出，在 u 连续时方程（5-5）右边对 x 的积分 $\displaystyle\int_0^x$ 依然是连续的周期函数，但这对（SCP）并不成立. 方程（5-5）左右两边同时对 x 积分，再选定一特定的边界项，我们可以把（5-5）转换成下面输运方程的形式.

$$\begin{cases} u_t - u^2\partial_x u = \partial_x^{-1}(u - uu_x^2) - \dfrac{1}{1-K}\displaystyle\int_{\mathbb{S}}(1 - u_x^2)\partial^{-1}(u - uu_x^2)(y)\,dy, \\ \qquad t > 0, x \in \mathbb{R}, \\ u(t, x+1) = u(t,x), \quad t \geqslant 0, x \in \mathbb{R}, \\ u(t,x)\big|_{t=0} = u_0(x), \quad x \in \mathbb{R}. \end{cases}$$

$$\tag{5-6}$$

这里 $K \neq 1$ 是一个非负常数，选择边界项：

$$f(t) = \frac{1}{1-K}\int_{\mathbb{S}}(1 - u_x^2)\partial^{-1}(u - uu_x^2)(y)\,dy, \tag{5-7}$$

这样构造是为了使在 $K = \displaystyle\int_{\mathbb{S}}(u_{0'})^2\,dx$ 时积分 $\displaystyle\int_{\mathbb{S}} u(1 - u_x^2)\,dx$ 守恒，这对我们导出方程（5-5）与（SCP）的等价性十分重要，后面我们将说明这点.

　　与第 4 章色散 Hunter - Saxton 方程的局部适定性结论类似，对方程（5-6）我们有如下定理.

定理 5.2.1 给定 $u_0 \in H^r(\mathbb{S}), r > 2$. 那么存在极大时间 $T = T(u_0) > 0$, 方程 (5-6) 在 $[0,T)$ 上存在唯一解 u, 使得:

$$u = u(\cdot, u_0) \in C([0,T); H^r(\mathbb{S})) \cap C^1([0,T); H^{r-1}(\mathbb{S})).$$

并且, 解对初值是连续依赖的, 即映射:

$$u_0 \mapsto u(\cdot, u_0) : H^r(\mathbb{S}) \to C([0,T); H^r(\mathbb{S})) \cap C^1([0,T); H^{r-1}(\mathbb{S})),$$

是连续的. 另外, 对任意 $t \in [0,T)$, 我们有下面守恒量:

$$\int_{\mathbb{S}} u_x^2 \, dx = \int_{\mathbb{S}} (u'_0)^2 \, dx.$$

作为定理 5.2.1 的一个应用, 对于原方程 (SCP) 我们有以下适定性定理.

定理 5.2.2 给定 $K \neq 1$ 以及 $u_0 \in H^r(\mathbb{S}), r > \dfrac{3}{2}$. 假设 u_0 满足条件:

$$\int_{\mathbb{S}} (1 - u_{0,x}^2) \, dx := 1 - K \neq 0, \text{ 及 } \int_{\mathbb{S}} u_0 (1 - u_{0,x}^2) \, dx = 0. \tag{5-8}$$

那么存在极大时间 $T = T(u_0) > 0$, 方程 (SCP) 在 $[0,T)$ 上存在唯一解 u, 使得:

$$u\big|_{t=0} = u_0, u = u(\cdot, u_0) \in C([0,T); H^r(\mathbb{S})) \cap C^1([0,T); H^{r-1}(\mathbb{S})).$$

并且, 解对初值是连续依赖的, 即映射:

$$u_0 \mapsto u(\cdot, u_0) : H^r(\mathbb{S}) \to C([0,T); H^r(\mathbb{S})) \cap C^1([0,T); H^{r-1}(\mathbb{S})),$$

是连续的. 另外, 对任意 $t \in [0,T)$, 我们有下面守恒量:

$$\int_{\mathbb{S}} u_x^2 \, dx = \int_{\mathbb{S}} u_{0,x}^2 \, dx = K, \tag{5-9}$$

$$\int_{\mathbb{S}} u(1 - u_x^2)(t,x) \, dx = \int_{\mathbb{S}} u_0 (1 - u_{0,x}^2) \, dx = 0. \tag{5-10}$$

证明: 根据定理 5.2.1, 我们已知方程 (5-6) 的解满足积分量 (5-9) 守恒. 现在我们需要证明在满足假设 (5-8) 的前提下, 方程 (5-6) 的解还满足额外的守恒律 (5-10). 设边界项 $f(t)$ 为式 (5-7). 式 (5-10) 两边对 t 求导, 利用后面的表达式 (5-15), 我们有:

$$\frac{d}{dt} \int_{\mathbb{S}} u(1 - u_x^2) \, dx = \int_{\mathbb{S}} u_t (1 - u_x^2) \, dx - \int_{\mathbb{S}} u \partial_t u_x^2 \, dx$$

$$= \int_{\mathbb{S}} (u^2 u_x + \partial^{-1}(u - u u_x^2) - f(t))(1 - u_x^2) \, dx$$

$$- \int_{\mathbb{S}} u \partial_x (u^2(1 + u_x^2) - 2u \overline{u - u u_x^2}) \, dx$$

$$= \int_{\mathbb{S}} (\partial^{-1}(u - uu_x^2) - f(t))(1 - u_x^2) dx$$

$$+ \int_{\mathbb{S}} (u^2 u_x(1 - u_x^2) + u^2 u_x(1 + u_x^2) - 2uu_x \overline{u - uu_x^2}) dx$$

$$= \int_{\mathbb{S}} (1 - u_x^2) \partial^{-1}(u - uu_x^2) dx - f(t)(1 - K)$$

$$+ \int_{\mathbb{S}} \partial_x \left(\frac{2}{3} u^3 - u^2 \overline{u - uu_x^2} \right) dx$$

$$= 0, \tag{5-11}$$

从而得到式（5-10）. 因为均值 $\overline{u - uu_x^2} \equiv 0$，这样方程（5-5）变成了初始的单环脉冲方程（$SCP$）. 定理的其他结论可以从 5.2.1 直接得到. □

注 5.2.3　为了利用 $Kato$ 方法得到单环脉冲方程（SCP）的局部适定性，第一步由算子 $\mathbb{P}$ 投影到 0 均值的函数空间是必要的. 事实上，对（SCP）从 0 到 x 积分，右边为 $f(u) = \int_0^x u(1 - u_x^2) dy$. 考虑简单的情形，取 $u(x) \equiv 1$，这时 $u \in H^s(\mathbb{S})$ 对任一实数 s 都成立. 但是 $f(u) = x(0 \leqslant x < 1)$ 已经不是连续函数，不属于任意 Sobolev 空间 $H^s(\mathbb{S}), s \geqslant \frac{1}{2}$. 这表明我们不能利用 $Kato$ 方法得到单环脉冲方程（SCP）对任意初值在 $H^s(\mathbb{S}), s \geqslant \frac{1}{2}$ 中的局部适定性.

关于 Kato 方法的细节参考第 4 章定理 4.2.4，这里我们作如下设定：

$$A(u) = -u^2 \partial_x, \quad Y = H^r(\mathbb{S}), \quad X = H^{r-1}(\mathbb{S}), \quad Q = \Lambda = (1 - \partial_x^2)^{\frac{1}{2}},$$

以及，$f(u) = \partial_x^{-1}(u(1 - u_x^2)) - \dfrac{1}{1-K} \int_0^1 (1 - u_x(y)) \partial_x^{-1}(u(1 - u_x^2))(y) dy.$

显然，Q 是从 $H^r(\mathbb{S})$ 到 $H^{r-1}(\mathbb{S})$ 的一个同构. 根据定理 4.2.4，应用 Kato 方法证明 5.2.1，我们只需要验证 $A(u)$ 和 $f(u)$ 满足条件（i）～（iii）.

完成上述证明，我们需要如下引理.

引理 5.2.4[62]　假如实数 s、t 满足 $-s < t \leqslant s$，函数 $f \in H^s(\mathbb{S}), g \in H^t(\mathbb{S})$，那么：

$$\| fg \|_t \leqslant C \| f \|_s \| g \|_t, \quad 当 s > \frac{1}{2},$$

$$\| fg \|_{s+t-\frac{1}{2}} \leqslant C \| f \|_s \| g \|_t, \quad 当 s < \frac{1}{2},$$

其中 C 是只依赖于 s、t 的常数.

引理 5.2.5 令 $s > \dfrac{1}{2}, u \in H^{s-1}(\mathbb{S})$. 那么由式（5-4）定义的微分逆算子 ∂^{-1} 满足 $\partial^{-1}u \in H^{s}(\mathbb{S})$，并且：

$$\| \partial^{-1}u \|_{s} \leqslant C_{s} \| u \|_{s-1}.$$

证明： 由 Sobolev 空间的稠密性，我们只考虑 u 光滑的情形. 因为 $(\partial^{-1}u)' = u - \displaystyle\int_{\mathbb{S}} u$，由 Fourier 变换我们有：

$$2\pi i m \, \widehat{\partial^{-1}u}(m) = \hat{u}(m) - \delta(m)\int_{\mathbb{S}} u, \quad m \in \mathbb{Z}. \tag{5-12}$$

上面并未给出 $\widehat{\partial^{-1}u}(0) = \displaystyle\int_{\mathbb{S}} \partial^{-1}u$ 的关系式. 另外，由于 $u \in H^{s-1}, s > \dfrac{1}{2}$，容易得到 $\left\{ \dfrac{\hat{u}(m)}{m} \right\}_{m \in \mathbb{Z} \setminus \{0\}} \in l^{1}$，对 $\partial^{-1}u$ 我们有下面等式：

$$\partial^{-1}u(x) = \widehat{\partial^{-1}u}(0) + \sum_{m \in \mathbb{Z} \setminus \{0\}} \frac{\hat{u}(m)}{2\pi i m} e^{2\pi i m x} = \int_{0}^{x} \mathbb{P}u(y)\,dy.$$

令 $x = 0$ 可得：

$$\widehat{\partial^{-1}u}(0) = - \sum_{m \in \mathbb{Z} \setminus \{0\}} \frac{\hat{u}(m)}{2\pi i m}. \tag{5-13}$$

结合式（5-12）与式（5-13），我们有：

$$\begin{aligned}
\| \partial^{-1}u \|_{s}^{2} &= \Big| \sum_{n \in \mathbb{Z} \setminus \{0\}} \frac{\hat{u}(n)}{2\pi i n} \Big|^{2} + \sum_{m \in \mathbb{Z} \setminus \{0\}} (1 + m^{2})^{s} \Big| \frac{\hat{u}(m)}{2\pi i m} \Big|^{2} \\
&\leqslant \frac{1}{4\pi^{2}} \Big(\sum_{n \in \mathbb{Z} \setminus \{0\}} \frac{1}{n(1 + n^{2})^{\frac{s-1}{2}}} (1 + n^{2})^{\frac{s-1}{2}} | \hat{u}(n) | \Big)^{2} + \\
&\quad \frac{1}{2\pi^{2}} \sum_{m \in \mathbb{Z} \setminus \{0\}} (1 + m^{2})^{s-1} | \hat{u}(m) |^{2} \\
&\leqslant \frac{1}{4\pi^{2}} \Big(\sum_{n \in \mathbb{Z} \setminus \{0\}} \frac{1}{n^{2}(1 + n^{2})^{s-1}} \Big) \| u \|_{s-1}^{2} + \frac{1}{2\pi^{2}} \| u \|_{s-1}^{2},
\end{aligned}$$

注意到 $s > \dfrac{1}{2}$，上式右边是有限的. 证毕. $\qquad\qquad\square$

引理 5.2.6[46] 令 $u \in H^{r}(\mathbb{S}), r > \dfrac{3}{2}$. 那么算子 $A(u) = -u^{2}\partial_{x}$ 在空间 L^{2} 和 H^{r-1} 中是拟 - m - 增长的，即存在 $\beta_{1}, \beta_{2} \in \mathbb{R}$ 使得：

$$A(u) \in G(L^{2}(\mathbb{S}), 1, \beta_{1}) \cap G(H^{r-1}(\mathbb{S}), 1, \beta_{2}),$$

另外, $A(u) \in L(H^r(\mathbb{S}), H^{r-1}(\mathbb{S}))$, 并且我们有下列估计:

$$\| (A(u) - A(v))w \|_{r-1} \leqslant \mu_1 \| u - v \|_{r-1} \| w \|_r, \quad \forall u, v, w \in H^r(\mathbb{S}).$$

引理 5.2.7[46]　对任意 $u \in H^r(\mathbb{S})$, 有 $B(u) = [\Lambda, - u^2 \partial_x] \Lambda^{-1} \in L(H^{r-1}(\mathbb{S}))$, 以及

$$\| (B(u) - B(v))w \|_{r-1} \leqslant \mu_2 \| u - v \|_r \| w \| r - 1,$$

对任意 $u, v \in H^r(\mathbb{S})$ 和 $w \in H^{r-1}(\mathbb{S})$ 都成立.

以上两引理的证明和 [46] 中引理 (2.6) ~ (2.9) 的证明类似, 只需要将 $u \partial_x$ 替换成 $- u^2 \partial_x$ (由 $H^s(\mathbb{S}), s > \dfrac{1}{2}$ 的代数性质, 对任意 $u, v \in H^s(\mathbb{S})$, 我们有 $- u^2 \in H^s(\mathbb{S})$ 以及 $\| u^2 - v^2 \|_s \leqslant C \| u + v \|_s \| u - v \|_s$.). 最后对于式 (5-6) 中的右端项 $f(u)$ 我们有下面的估计.

引理 5.2.8　设 $f(u) = \partial_x^{-1}(u - uu_x^2) - \dfrac{1}{1-K} \displaystyle\int_{\mathbb{S}} (1 - u_x^2) \partial^{-1}(u - uu_x^2)(y) dy$. 那么 $f(u)$ 在 $H^r(\mathbb{S}), r > \dfrac{3}{2}$ 的有界集上保持一致有界, 并且:

（1）$\| f(v) - f(w) \|_r \leqslant \mu_3(\| v \|_r, \| w \|_r) \| v - w \|_r, \quad v, w \in H^r(\mathbb{S}),$ $r > \dfrac{3}{2}$,

（2）$\| f(v) - f(w) \|_{r-1} \leqslant \mu_4(\| v \|_r, \| w \|_r) \| v - w \|_{r-1}, \quad v, w \in H^{r-1}(\mathbb{S}), r \geqslant 2.$

证明：设 $v, w \in H^r(\mathbb{S}), r > \dfrac{3}{2}$, 以及 $h(u) = \displaystyle\int_{\mathbb{S}} (1 - u_x^2(y)) \partial^{-1}(u(1 - u_x^2))(y) dy$. 由于 $h(v) - h(w)$ 关于 x 是常值函数, 根据嵌入 $H^{r-1} \hookrightarrow L^\infty$ 和引理 5.2.4 ~ 5.2.5, 对任意 $p \in \mathbb{R}$ 我们有:

$$\| h(v) - h(w) \|_p = | h(v) - h(w) |$$

$$= \Big| - \int_{\mathbb{S}} (v_x^2 - w_x^2) \partial^{-1}(v(1 - v_x^2))(y) dy +$$

$$\int_{\mathbb{S}} (1 - w_x^2(y)) \partial^{-1}(v(1 - v_x^2) - w(1 - w_x^2))(y) dy \Big|$$

$$\leqslant \Big| \int_{\mathbb{S}} (v_x - w_x)(v_x + w_x) \partial^{-1}(v(1 - v_x^2))(y) dy \Big| +$$

$$C \| 1 - w_x^2 \|_{L^\infty} \| \partial^{-1}(v(1 - v_x^2) - w(1 - w_x^2)) \|_{L^\infty}$$

$$\leqslant \| v_x + w_x \|_{L^\infty} \| \partial^{-1}(v(1 - v_x^2)) \|_{L^\infty} \int_{\mathbb{S}} | v_x - w_x | dx +$$

$$C(1 + \| w \|_r^2) \| \partial^{-1}(v(1 - v_x^2) - w(1 - w_x^2)) \|_{r-1}$$

$$\leq C \| v_x + w_x \|_{r-1} \| \partial^{-1}(v(1 - v_x^2)) \|_{r-1} \| v - w \|_1 +$$

$$C(1 + \| w \|_r^2) \| (v - w)(1 - v_x^2) - w(v_x^2 - w_x^2) \|_{r-2}$$

$$\leq C(\| v \|_r + \| w \|_r) \| v(1 - v_x^2) \|_{r-1} \| v - w \|_1 +$$

$$C(1 + \| w \|_r^2) \cdot (\| v - w \|_{r-1} \| 1 - v_x^2 \|_{r-2} +$$

$$\| w \|_{r-1} \| v_x z + w_x \|_{r-1} \| v_x - w_x \|_{r-2})$$

$$\leq C(1 + \| v \|_r + \| w \|_r)^4 \max\{ \| v - w \|_1, \| v - w \|_{r-1}\}.$$

$$(5 - 14)$$

注意到 $H^{r-1}(\mathbb{S}), r > \dfrac{3}{2}$ 是一个 Banach 代数. 利用引理 5.2.4 ~ 5.2.5 和

$\| v - w \|_1 \leq \| v - w \|_r$, 可得:

$$\| f(v) - f(w) \|_r = \| \partial_x^{-1}(v - w) - \partial_x^{-1}(vv_x^2 - ww_x^2) - \frac{h(v) - h(w)}{1 - K} \|_r$$

$$\leq C \| v - w \|_{r-1} + C \| w(v_x^2 - w_x^2) + (v - w)v_x^2 \|_{r-1} +$$

$$| \frac{h(v) - h(w)}{1 - K} |$$

$$\leq C \| v - w \|_{r-1} + C \| w \|_{r-1} \| v_x + w_x \|_{r-1} \| v_x -$$

$$w_x \|_{r-1} + \| v - w \|_{r-1} \| v_x \|_{r-1}^2 + \frac{C}{|1 - K|}$$

$$(1 + \| v \|_r + \| w \|_r)^4 \| v - w \|_r$$

$$= \mu_3 \| v - w \|_r.$$

这就证明了引理 5.2.8 中的 (1). 上面不等式中令 $w = 0$, 可知 $f(u)$ 在

$H^r(\mathbb{S}), r > \dfrac{3}{2}$ 的有界集上一致有界. 对于引理 5.2.8 中的 (2), 由于在

$r \geq 2$ 时 $\| v - w \|_1 \leq \| v - w \|_{r-1}$, 我们有

$$\| f(v) - f(w) \|_{r-1} = \| \partial_x^{-1}(v - w) - \partial_x^{-1}(vv_x^2 - ww_x^2) - \frac{h(v) - h(w)}{1 - K} \|_{r-1}$$

$$\leq C \| v - w \|_{r-2} + C \| w(v_x^2 - w_x^2) +$$

$$(v - w)v_x^2 \|_{r-2} + | \frac{h(v) - h(w)}{1 - K} |$$

$$\leq C \| v - w \|_{r-1} + C \| w \|_{r-1} \| v_x + w_x \|_{r-1} \| v_x -$$

$$w_x \|_{r-2} + \| v - w \|_{r-2} \| v_x \|_{r-1}^2 + \frac{C}{|1 - K|}$$

$$(1 + \parallel v \parallel_r + \parallel w \parallel_r)^4 \parallel v - w \parallel_{r-1}$$

$$\leq C(1 + \parallel v \parallel_r + \parallel w \parallel_r)^4 \parallel v - w \parallel_{r-1}$$

$$= \mu_4 \parallel v - w \parallel_{r-1},$$

这里我们用到了引理 5.2.4 （其中 $s = r - 1, t = r - 2$.）. □

证明：［定理 5.2.2］结合定理 4.2.4 以及引理 5.2.6～5.2.8，我们可以直接得到定理 5.2.2 的适定性部分. 对于守恒律性质，方程（5-6）两边同时对 x 求导，我们推出 u 满足方程（5-5）. 在方程（5-5）两边乘以 $2u_x$ 可得：

$$\partial_t u_x^2 = 2u_x(u + uu_x^2 + u^2 u_{xx} - \int_S u(1 - u_x^2))$$

$$= (u^2)_x + 2uu_x^3 + 2u^2 u_x u_{xx} - 2u_x \int_S u(1 - u_x^2)$$

$$= \partial_x(u^2(1 + u_x^2) - 2u\int_S u(1 - u_x^2)). \tag{5-15}$$

上式两边在 S 上积分，从而得到：

$$\frac{d}{dt}\int_S u_x^2 dx = 0.$$

这样我们完成了定理 5.2.2 的证明. □

推论 5.2.9　周期由 1 换成 $a > 0$，定理 5.2.2 的结论对于周期为 a 的单环脉冲方程（SCP）依然成立. 并且，周期为 $a > 0$ 时，如果初值 u_0 满足方程（5-8），那么我们有如下 L^∞ 估计：

$$\parallel u \parallel_{L^\infty} \leq \left| \frac{a + K}{a - K} \right| \sqrt{aK}, \tag{5-16}$$

其中 $K: = \int_0^a u_0'^2 dx \neq a$.

证明：适定性部分是显然的. 对于 L^∞ 估计，由守恒性质（5-9）～（5-10），我们有：

$$\int_0^a (u(x) - u(y))(1 - u_x^2(y))dy = u(x)\int_0^a (1 - u_x^2(y))dy - \int_0^a u(y)(1 - u_x^2(y))dy$$

$$= (a - K)u(x).$$

另外有：

$$\left| \int_0^a (u(x) - u(y))(1 - u_x^2(y))dy \right| = \left| \int_0^a (1 - u_x^2(y))\int_y^x u_x(z)dzdy \right|$$

$$\leqslant \int_0^a (1 + u_x^2(y)) \mid \int_y^x u_x(z) dz \mid dy$$

$$\leqslant \int_0^a (1 + u_x^2(y)) \ \sqrt{\mid x - y \mid} \ \sqrt{\int_0^a u_x^2(z) dz} \, dy$$

$$= (a + K) \ \sqrt{aK}. \quad a.e.a\mathbb{S}.$$

从而,我们有

$$\mid u(x) \mid \ \leqslant \mid \frac{a + K}{a - K} \mid \ \sqrt{aK}. \quad a.e.a\mathbb{S}.$$

这就证明了式 (5 - 16). $\qquad\qquad\qquad\qquad\qquad\qquad\qquad\qquad$ □

5.3 单环脉冲方程和 sine - Gordon 方程的关系

本章我们将严格地导出单环脉冲方程 (*SCP*) 和 sine - Gordon 方程之间的转换关系. 为了证明的简化以及使涉及的变换可逆和有意义,我们先忽略一些正则性讨论而假定解是足够光滑的. 过程中涉及的变换可参考 Sakovich [24] 或者 Hone,Novikov 和 Wang [43].

倒数变换:基于推论 5.2.9,我们将考虑最小正周期为 a 的单环脉冲方程 (*SCP*). 设 $p(x,t) = 1 + u_x^2(x,t)$,简单的计算可知 p 满足方程:

$$p_t = (u^2 p)_x, \quad p(x,t) = 1 + u_x^2(x,t). \tag{5 - 17}$$

现在引入坐标变换 $(x,t) \mapsto (y,t)$:

$$y(x,t) = \int_{(0,0)}^{(x,t)} p(x',t') dx' + (u^2 p)(x',t') dt'. \tag{5 - 18}$$

上面积分是在任一连接 $(0,0)$ 到 (x,t) 的简单曲线进行的,由式 (5 - 17) 可知该积分是与路径无关的. 因为 $p(x,t) > 0$ 对任意 $(x,t) \in \mathbb{R} \times [0,T)$ 均成立,容易看出,对固定的 $t \in [0,T)$,式 (5 - 18) 构成 $\mathbb{R}$ 上的一个微分同胚,并且有个固定的伸缩:即把 x 空间中长度为 a 的周期映射成:

$$\int_0^a p(x,t) dx = \int_0^a (1 + u_x^2) dx = a + \int_0^a (\partial_x u_0)^2 dx = a + K. \tag{5 - 19}$$

重要的是新的周期是不依赖于 t 的,这表明对固定的 $t \in [0,T)$,映射式 (5 - 18) 同样构成从 $\mathbb{S}$ 到 $(a + K)\mathbb{S}$ 的微分同胚. 并且逆映射满足:

$$x(y,t) = \int_{(0,0)}^{(y,t)} \frac{1}{p(x(y',t'),t')} dy' - u^2(x(y',t'),t') dt'. \tag{5 - 20}$$

同样，积分是在任一连接 $(0,0)$ 到 (y,t) 的简单曲线进行的．所以，(x,t) 和 (y,t)，相互变换的 Jacobian 矩阵满足：

$$\frac{\partial(y,t)}{\partial(x,t)} = \begin{pmatrix} p & u^2 p \\ 0 & 1 \end{pmatrix}, \quad \frac{\partial(x,t)}{\partial(y,t)} = \begin{pmatrix} p^{-1}(x(y,t),t) & -u^2(x(y,t),t) \\ 0 & 1 \end{pmatrix}.$$

$$(5-21)$$

现在，定义 $\theta(y,t) = 2\arctan u_x(x(y,t),t)$．利用式（5–21）可以推出：

$$\begin{aligned}
\theta_{yt}(y,t) &= \partial_y \frac{2\partial_t u_x(x(y,t),t)}{1+u_x^2} \\
&= \partial_y \frac{2(u_{xx}\partial_t x(y,t) + u_{xt})}{1+u_x^2} \\
&= \partial_y \left(\frac{2}{1+u_x^2}(-u^2 u_{xx} + u + uu_x^2 + u^2 u_{xx})(x(y,t),t) \right) \\
&= 2\partial_y u(x(y,t),t) \\
&= 2u_x(x(y,t),t)\frac{\partial x(y,t)}{\partial y} \\
&= \frac{2u_x}{1+u_x^2}(x(y,t),t) \\
&= \frac{2\tan\frac{\theta}{2}}{1+\tan^2\frac{\theta}{2}}(y,t).
\end{aligned}$$

化简，可得：

$$\theta_{yt} = \sin\theta. \qquad\qquad\qquad (5-22)$$

这是著名的 sine – Gordon 方程，学者们已经有很多长足和深入的研究．早期 Kaup 和 Newell 应用稳相位法在特征坐标下研究 sine – Gordon 方程解的性态，得到一些经典的结果 [64]．然而该方程在 Sobolev 空间的局部适定性并非平凡的，这是由于左边混合导数的存在以及 sine 函数的周期性，使得解可以在多个相差 2π 的平衡态中变化形成扭结解，见图（5–2）．

由以上变换关系，应用定理 5.2.2，对于 sine – Gordon 方程（5–22）我们有以下定理．

定理 5.3.1　假设 $\phi \in H^1(b\mathbb{S})$ 满足条件：

（1）$\displaystyle\sup_{0\leqslant y\leqslant b}|\phi(y)| = L < \pi$，及 $\displaystyle\int_0^b \sin\phi\,dy = 0$；

信毅学术文库

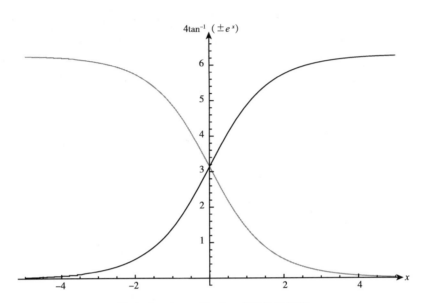

图 5 – 2　sine – Gordon 方程的扭结解

（2）$\int_0^b \cos\phi(y)(\partial^{-1}\sin\phi)(y)\,dy = 0$ 及 $\int_0^b \cos\phi\,dy \neq 0$.

那么存在极大时间 $T = T(\phi) > 0$，方程（5 – 22）在 $[0,T)$ 上有唯一解 $\theta(y,t)$ 使得：

$$\theta\big|_{t=0} = \phi, \text{ and } \theta = \theta(\cdot,\phi) \in C^1([0,T);H^1(b\mathbb{S})).$$

并且，对任意 $t \in [0,T)$ 我们有以下守恒量：

$$\int_0^b \sin\theta(y,t)\,dy = 0, \quad \int_0^b \sin^2\frac{\theta}{2}dy = \int_0^b \sin^2\frac{\phi}{2}dy = K, \qquad (5-23)$$

$$\int_0^b \theta_y^2(y,t)\,dy = \int_0^b \phi_y^2\,dy = M. \qquad (5-24)$$

证明： 令 $u_0(x) = \dfrac{1}{2}\int_0^{y(x)} \sin\phi(\xi)\,d\xi$，其中 $y(x)$ 定义为：

$$dy = \left(1 + \tan^2\frac{\phi(y)}{2}\right)dx = \cos^{-2}\frac{\phi}{2}dx,\ y(0) = 0. \qquad (5-25)$$

根据假设（1），我们知道 $u_0(x)$ 是周期函数，最小正周期为 $a = \int_0^b \cos^2\dfrac{\phi}{2}dy = b - K$. 事实上 $u_0 \in H^2(a\mathbb{S})$，直接计算可得：

$$u_{0,x}(x) = \frac{\sin\phi(y(x))}{2}\frac{dy}{dx} = \tan\frac{\phi(y)}{2};$$

$$u_{0,xx}(x) = \cos^{-2}\frac{\phi}{2}\frac{\phi_y}{2}\frac{dy}{dx} = \frac{\phi_y(y)}{2\cos^4\frac{\phi}{2}}.$$

那么,

$$\|u_0\|_{L^\infty(a\mathbb{S})} \leqslant \frac{b}{2};$$

$$\int_0^a u_{0,x}^2(x)\,dx = \int_0^b \tan^2\frac{\phi(y)}{2}\cos^2\frac{\phi}{2}dy = \int_0^b \sin^2\frac{\phi}{2}dy = K;$$

$$\int_0^a u_{0,xx}^2(x)\,dx = \int_0^b \left(\frac{\phi_y}{2\cos^4\frac{\phi}{2}}\right)^2 \cos^2\frac{\phi}{2}dy = \frac{1}{4}\int_0^b \left(1 + \tan^2\frac{\phi}{2}\right)^3 \phi_y^2 dy$$

$$\leqslant \frac{(1 + \tan^2(L/2))^3}{4}M.$$

另外, 根据假设 (1) 和假设 (2) 我们有:

$$\int_0^a u_0(1 - u_{0,x}^2)\,dx = \frac{1}{2}\int_0^b \int_0^y \sin\phi(\xi)\,d\xi \left(1 - \tan^2\frac{\phi}{2}\right)\cos^2\frac{\phi}{2}dy$$

$$= \frac{1}{2}\int_0^b \cos\phi(y)\int_0^y \sin\phi(\xi)\,d\xi dy$$

$$= 0; \qquad\qquad (5-26)$$

$$\int_0^a (1 - u_{0,x}^2)\,dx = \int_0^b \left(1 - \tan^2\frac{\phi}{2}\right)\cos^2\frac{\phi}{2}dy = \int_0^b \cos\phi(y)\,dy \neq 0.$$

$$(5-27)$$

由于 $u_0 \in H^2(a\mathbb{S})$, 以及 (5-26), 根据定理 5.2.2, 存在极大时间 $T = T(u_0) = T(\phi) > 0$, 方程 (SCP) 在 $[0,T]$ 上存在唯一解 u 使得:

$$u = u(\cdot,u_0) \in C([0,T];H^2(a\mathbb{S})) \cap C^1([0,T];H^1(a\mathbb{S})).$$

现在, 考虑到 $u(x,t)$ in $C([0,T];H^s(a\mathbb{S})), s \geqslant 2$, 单环脉冲方程 (SCP) 和 sine-Gordon 方程之间的倒数变换严格成立. 由式 (5-20) 定义 $x(y,t)$, 那么:

$$\theta(y,t) := 2\arctan u_x(x(y,t),t), \qquad\qquad (5-28)$$

是 sine-Gordon 方程 (5-22) 以 $\theta(y,0) = 2\arctan u_{0,x}(x(y)) = \phi(y)$ 为初值的一个解. 我们有:

$$\theta_t(y,t) = \frac{2}{1 + u_x^2}\left(u_{xx}\frac{\partial x(y,t)}{\partial t} + u_{xt}\right)$$

$$= \frac{2}{1 + u_x^2}(- u^2 u_{xx} + u + u u_x^2 + u^2 u_{xx})$$

$$= 2u(x(y,t),t); \tag{5-29}$$

$$\theta_y(y,t) = \frac{2u_{xx}}{1 + u_x^2} \frac{\partial x(y,t)}{\partial y} = \frac{2u_{xx}}{(1 + u_x^2)^2}(x(y,t),t); \tag{5-30}$$

$$\theta_{ty}(y,t) = 2u_x(x(y,t),t) \frac{\partial x(y,t)}{\partial y} = \frac{2u_x}{1 + u_x^2}(x(y,t),t). \tag{5-31}$$

利用单环脉冲方程（*SCP*）对式（5 – 28）～式（5 – 31）我们有以下估计：

$$\int_0^b \theta^2 dy = 4\int_0^b \arctan^2 u_x(x(y,t),t) dy = 4\int_0^a \arctan^2 u_x(x,t)(1 + u_x^2(x,t)) dx$$

$$\leqslant \pi^2(a + K); \tag{5-32}$$

$$\int_0^b \theta_y^2 dy = 4\int_0^b \frac{u_{xx}^2}{(1 + u_x^2)^4} dy = 4\int_0^a \frac{u_{xx}^2}{(1 + u_x^2)^3} dx \leqslant 4\int_0^a u_{xx}^2 dx; \tag{5-33}$$

$$\int_0^b \theta_t^2 dy = 4\int_0^b u^2(x(y,t),t) dy = 4\int_0^a u^2(1 + u_x^2) dx \leqslant 4 \parallel u \parallel_{L^\infty}^2 (a + K);$$

$$\tag{5-34}$$

$$\int_0^b \theta_{ty}^2 dy = 4\int_0^b \frac{u_x^2}{(1 + u_x^2)^2}(x(y,t),t) dy = 4\int_0^a \frac{u_x^2}{1 + u_x^2} dx \leqslant 4K. \tag{5-35}$$

注意到 $u(x,t) \in C([0,T]; H^2(a\mathbb{S}))$. 结合式（5 – 32）～式（5 – 35）可得：

$$\theta \in C^1([0,T]; H^1(b\mathbb{S})).$$

由于 $u_x(x,t) = \tan \dfrac{\theta}{2}(y(x,t),t)$，方程（5 – 22）解的唯一性可以直接从

$u_x(x,t)$ 作为（*SCP*）的解的唯一性得到. 这样我们证明了定理 5.3.1 的第一部分. 关于守恒性质，从 sine – Gordon 方程（5 – 22）容易得到：

$$\int_0^b \sin\theta(y,t) dy = \frac{d}{dt}\int_0^b \theta_y(y,t) dy = 0,$$

$$\frac{d}{dt}\int_0^b \sin^2 \frac{\theta}{2} dy = \frac{1}{2}\int_0^b \sin\theta\theta_t dy = \frac{1}{2}\int_0^b \theta_{ty}\theta_t dy = \frac{1}{4}\int_0^b (\theta_t)_y dy = 0,$$

$$\frac{d}{dt}\int_0^b \theta_y^2 dy = 2\int_0^b \theta_y \theta_{yt} dy = 2\int_0^b \theta_y \sin\theta dy = 2\int_0^b (\cos\theta)_y dy = 0.$$

证毕. $\qquad\qquad\qquad\qquad\qquad\qquad\qquad\qquad\qquad\qquad\qquad\qquad\qquad\qquad\qquad\square$

5.4 整体解

下面通过一个精确的爆破准则可以看到，为了得到整体解，我们需要控制 $\|u(\cdot,t)\|_{H^2}$，即得到一个与 T 无关的上界. 从定理 5.3.1 出发，我们先导出单环脉脉冲方程（SCP）的一个高阶守恒量. 通过这个守恒量，我们进一步得到解的 H^2 – 范数估计，从而证明整体解的存在.

我们先给出方程（SCP）的一个精确的爆破准则.

引理 5.4.1 令 $u_0(x) \in H^s, s \geq 2$，设 T 是方程（SCP）以 $u_0(x)$ 为初值的解 $u(x,t)$ 的极大存在时间. 那么解 $u(x,t)$ 在有限时间内爆破当且仅当：

$$\limsup_{t \uparrow T} \sup_{x \in S} u u_x(x,t) = +\infty.$$

证明： 由适定性 5.2.2 和稠密性讨论，我们只需要考虑 $u \in C_0^\infty$ 的情形. 首先，对解 u 的 H^1 – 模，我们有：

$$\|u(\cdot,t)\|_{H^1(S)}^2 = \int_S (u^2 + u_x^2) dx \leq \|u\|_{L^\infty}^2 + \int_S u_x^2 dx$$

$$\leq \left(\frac{1+K}{1-K}\right)^2 K + K \leq C. \tag{5-36}$$

方程（SCP）两边同时对 x 求导，并与 u_{xx} 作 L^2 内积，再由分部积分可得：

$$\frac{1}{2}\frac{d}{dt}\int_S u_{xx}^2 dx = \int_S u_{xx}\partial_t u_{xx} dx$$

$$= \int_S u_{xx}(u_x + u_x^3 + 4u u_x u_{xx} + u^2 u_{xxx}) dx$$

$$= \int_S ((u_x + u_x^3)u_{xx} + 4u u_x u_{xx}^2 + u^2 u_{xx}u_{xxx}) dx$$

$$= \int_S (4u u_x u_{xx}^2 - u u_x u_{xx}^2) dx$$

$$= 3\int_S u u_x u_{xx}^2 dx.$$

假设 $u u_x$ 在 $[0,T), T < \infty$ 上有上界，我们可以得到：

$$\frac{d}{dt}\int_S u_{xx}^2 dx \leq 6M\int_S u_{xx}^2 dx.$$

应用 Gronwall 不等式，有：

$$\int_S u_{xx}^2(x,t)dx \leqslant e^{6Mt}\int_S(\partial_{xx}u_0(x))^2dx.$$

结合式（5 - 36）以及上面不等式，我们得到：

$$\|u(\cdot,t)\|_{H^2(S)}^2 \leqslant C + e^{6Mt}\|u_0\|_{H^2(S)}^2.$$

这与 $T < \infty$ 是极大存在时间矛盾. $\qquad\qquad\qquad\qquad\qquad\square$

下面守恒量引理是我们证明整体解的关键.

引理 5.4.2 设 $u(\cdot,t) \in C^1([0,T];H^2(S))$ 是单环脉脉冲方程 (SCP) 以 u_0 为初值的解. 那么积分：

$$N = \int_0^1 \frac{u_{xx}^2}{(1+u_x^2)^3}dx.$$

在 $[0,T)$ 上守恒. 更确切地，我们有等式：

$$\partial_t\frac{u_{xx}^2}{(1+u_x^2)^3} = \partial_x\left(\frac{u^2u_{xx}^2}{(1+u_x^2)^3} - \frac{1-u_x^2}{2(1+u_x^2)}\right). \qquad (5-37)$$

证明： 事实上我们只需要证明式（5 - 37），该式两边在 S 上对 x 积分即可得到积分量 N 守恒.

令 $\theta(y,t) = 2\arctan u_x(x(y,t),t),t \in [0,T)$，这里 $x(y,t)$ 是由式（5 - 20）定义的坐标变换. 根据定理 5.3.1 可知 $\theta(y,t)$ 是 sine - Gordon 方程（5 - 22）以 $\theta_0 = 2\arctan u_{0,x}$ 为初值的解. 那么，由于式（5 - 30），我们有：

$$\frac{1}{4}\int_0^b \theta_y^2 dy = \int_0^b \frac{u_{xx}^2}{(1+u_x^2)^4}dy = \int_0^1 \frac{u_{xx}^2}{(1+u_x^2)^3}dx.$$

在定理 5.3.1 中我们已知 $\int_0^b \theta_y^2 dy$ 是一个守恒量，这样我们完成了引理第一部分的证明. 关于式（5 - 37），受上式启发，我们先考虑 θ_y^2. 根据 sine - Gordon 方程（5 - 22），我们有：

$$\partial_t\left(\frac{\theta_y}{2}\right)^2 + \partial_y\left(\frac{\cos\theta}{2}\right) = 0. \qquad (5-38)$$

把式（5 - 28），式（5 - 30）代入式（5 - 38），再根据坐标变换式（5 - 20）可得：

$$0 = \partial_x\frac{u_{xx}^2}{(1+u_x^2)^4}\frac{\partial x(y,t)}{\partial t} + \partial_t\frac{u_{xx}^2}{(1+u_x^2)^4} + \frac{1}{2}\frac{\partial}{\partial x}\left(\frac{1-u_x^2}{1+u_x^2}\right)\frac{\partial x(y,t)}{\partial y}$$

$$
\begin{aligned}
&= -u^2\partial_x\frac{u_{xx}^2}{(1+u_x^2)^4} + \frac{1}{1+u_x^2}\partial_t\frac{u_{xx}^2}{(1+u_x^2)^3} + \\
&\quad \frac{u_{xx}^2}{(1+u_x^2)^3}\partial_t\frac{1}{1+u_x^2} + \frac{1}{2}\frac{\partial}{\partial x}\Big(\frac{1-u_x^2}{1+u_x^2}\Big)\frac{1}{1+u_x^2} \\
&= \frac{1}{1+u_x^2}\Big(\partial_t\frac{u_{xx}^2}{(1+u_x^2)^3} - u^2(1+u_x^2)\partial_x\frac{u_{xx}^2}{(1+u_x^2)^4} - \\
&\quad 2u_x u_{xt}\frac{u_{xx}^2}{(1+u_x^2)^4} + \frac{1}{2}\frac{\partial}{\partial x}\Big(\frac{1-u_x^2}{1+u_x^2}\Big)\Big) \\
&= \frac{1}{1+u_x^2}\Big(\partial_t\frac{u_{xx}^2}{(1+u_x^2)^3} - u^2(1+u_x^2)\partial_x\frac{u_{xx}^2}{(1+u_x^2)^4} - \\
&\quad \partial_x(u^2(1+u_x^2))\frac{u_{xx}^2}{(1+u_x^2)^4} + \frac{1}{2}\frac{\partial}{\partial x}\Big(\frac{1-u_x^2}{1+u_x^2}\Big)\Big) \\
&= \frac{1}{1+u_x^2}\Big(\partial_t\frac{u_{xx}^2}{(1+u_x^2)^3} - \partial_x\Big(\frac{u^2 u_{xx}^2}{(1+u_x^2)^3} - \frac{1-u_x^2}{2(1+u_x^2)}\Big)\Big),
\end{aligned}
$$

其中，我们利用了等式 $2u_x u_{xt} = \partial_x(u^2(1+u_x^2))$. 由于我们始终有 $\dfrac{1}{1+u_x^2} > 0$，以上蕴含了式 (5-37).

证毕.　　　　　　　　　　　　　　　　　　　　　　　□

现在给出我们本节的主要定理.

定理 5.4.3　假设 $u_0 \in H^2(\mathbb{S})$ 满足式 (5-8) 以及

$$
\int_0^1 u_{0,x}^2 dx + \int_0^1 \frac{u_{0,xx}^2}{(1+u_{0,x}^2)^3}dx < 1. \tag{5-39}
$$

那么，单环脉冲方程（SCP）存在唯一的整体解 $u(t) \in C(\mathbb{R}^+, H^2(\mathbb{S}))$.

证明： 根据引理 5.4.1 提供的精确爆破准则，以及 Sobolev 嵌入 $\|uu_x\|_{L^\infty} \leq C\|u\|_{H^2(\mathbb{S})}^2$. 要得到方程（SCP）解的整体存在性，我们只需要证明解 u 的 H^2 范数存在一个与时间 T 无关的上界即可.

回顾定理 4.2.1 以及引理 5.4.2，我们已知下面三个积分量在 $[0,T)$ 上为常数：

$$
K = \int_{\mathbb{S}} u_x^2 dx;
$$

$$0 = \int_S u(1 - u_x^2)dx;$$

$$M = \int_S \frac{u_{xx}^2}{(1 + u_x^2)^3}dx.$$

我们首先证明，通过守恒量 K 和 M 我们可以得到变量：

$$q = \frac{u_x}{\sqrt{1 + u_x^2}}.$$

的 H^1 – 范数的上界. 首先有：

$$q_x = \frac{u_{xx}}{(1 + u_x^2)^{\frac{3}{2}}}.$$

直接计算 $\| q \|_{H^1}$，我们得到：

$$\| q \|_{H^1}^2 = \int_S \frac{u_x^2}{1 + u_x^2}dx + \int_S \frac{u_{xx}^2}{(1 + u_x^2)^3}dx \leq K + M, \quad \forall t \in [0,T).$$

再次利用 Sobolev 嵌入，我们有不等式 $\| q \|_{L^\infty} \leq \frac{1}{\sqrt{2}} \| q \|_{H^1} \leq \frac{K + M}{\sqrt{2}} < 1,$

所以通过 q 的表达式可以反解出：

$$u_x = \frac{q}{\sqrt{1 - q^2}}: = f(q).$$

上面 $f(q)$ 关于 q 是非线性的，难于直接估计. 我们先将 $f(q)$ 展开成 Taylor 级数：

$$\forall |q| < 1 : f(q) = q(1 - q^2)^{-\frac{1}{2}} = \sum_{i=0}^n \frac{(2n - 1)!!}{2^n n!}q^{2n+1},$$

考虑到该 Taylor 级数中的系数恒为正，我们可以根据 $H^1(\mathbb{S})$ 空间的 Banach 代数性质得到：

$$\| u_x \|_{H^1} = \| f(q) \|_{H^1} \leq \sum_{i=0}^n \frac{(2n - 1)!!}{2^n n!} \| q \|_{H^1}^{2n+1} = f(\| q \|_{H^1})$$

$$\leq f(\sqrt{K + M}).$$

由于 $\| u \|_{L^2} \leq \frac{1 + K}{1 - K}\sqrt{K}$，我们最终得到：

$$\| u \|_{H^2} \leq \frac{1 + K}{1 - K}\sqrt{K} + \sqrt{\frac{K + M}{1 - K - M}} \leq C.$$

显然，这里 C 是不依赖于 T 的常数. 证毕. $\qquad\square$

第6章 工作总结和展望

6.1 总结

本书主要研究了两类方程的柯西问题，一类是浅水波模型中的广义 Degasperis – Procesi 方程和一个带三次非线性项的广义 Camassa – Holm 方程，另一类是短波模型，包括色散 Hunter – Saxton 方程和单环短脉冲方程. 第一类方程我们主要得到了在 Besov 空间局部适定性，强解的整体存在性、爆破和整体弱解等一系列结果. 第二类方程我们利用 Kato 方法得到了在 Sobolev 空间中的局部适定性，进而导出了整体解和爆破等结果.

首先，对于一个广义的 Degasperis – Procesi 方程：

$$(1 - \partial_x^2) u_t = \partial_x (2 - \partial_x)(1 + \partial_x) u^2.$$

我们将其转化为关于 $v = (1 - \partial_x) u$ 的方程，利用先验估计和关于变量 v 的保号性，得到一个一般的整体存在性结果. 此外，我们发现了一个新的守恒量 $\int_l^r |v| dx$，这里 $l(t)$、$r(t)$ 是函数 $v = u - u_x$ 在 t 时刻的两个零点，利用这一守恒量得到了两个精确的爆破结果. 最后我们考虑该方程的弱解，利用 v 的 L^1 – 守恒，我们得到了方程在 $v_0 \in L^1 \cap BV$ 时弱解的整体存在性.

其次，关于一个带三次非线性项的广义 Camassa – Holm 方程：

$$(1 - \partial_x^2) u_t = (1 + \partial_x)(u^2 u_{xx} + u u_x^2 - 2 u^2 u_x).$$

与前面一样，我们将其转化成关于 $v = (1 - \partial_x) u$ 的方程. 运用 Littlewood – Paley 分解，我们证明了方程在高正则性和临界的 Besov 空间中的局部适定性. 接着我们得到了方程强解的 H^1 – 守恒律，以及关于 $v = (1 - \partial_x) u$ 的保号性，并最终利用这些性质导出了一个爆破结果，并且得到了这些解在接近临界时间的爆破率.

再次，我们研究了下列带色散项的 Hunter – Saxton 方程的周期问题：

$$u_{xt} = u + 2uu_{xx} + u_x^2,$$

将方程投影到均值为 0 的函数空间中，再利用 Kato 方法得到了其在 $H^s(\mathbb{S}), s > \dfrac{3}{2}$ 中的局部适定性. 接着我们导出了方程的一些重要的守恒律，并利用这些守恒量来控制解的 H^1 范数，从而得到一个爆破结果. 另外，基于方程解的保号性，我们可以将其转化成 sinh – Gordon 方程，最终构造了一个行波解.

最后，关于单环短脉冲方程：

$$u_{xt} = u + \frac{1}{2}u(u^2)_{xx}.$$

我们研究了其在周期条件下的柯西问题. 将方程投影到均值为 0 的函数空间中，利用 Kato 方法得到了局部适定性. 接着我们严格推导了该方程和 sine – Gordon 方程之间的转换关系，并且给出了 sine – Gordon 方程一些基本的守恒量，利用两方程之间的转换关系我们得到该方程的一个高阶守恒量，从而得到关于解的 H^2 – 范数的上界估计. 再由一个精确的爆破准则我们最终得到了一个整体存在性结果.

本书研究内容的特色：所研究的具有高次非线性项的浅水波模型 cCH 与 mCH 是新近发现的完全可积系统，且对这两个模型的研究结果相较 CH 方程还是比较少. 这两个完全可积模型是著名的 CH 方程和 Novikov 方程的推广，我们所得到的部分研究结果可以类推到 CH 方程和 Novikov 方程上. 另外，由于 cCH 与 mCH 方程形式上比 CH 方程更复杂，而且都含有的高阶非线性项，这些特殊的方程结构加大了我们对该方程研究的难度.

第一，在研究方程 mCH 强解整体存在性和爆破问题时，通过对方程结构细致的分析我们得到该方程的解关于势函数 $m = (1 - \partial_x^2)u$ 的局部 L^1 守恒，推广了原有的守恒律从而得到更高范数的先验估计. 这一技巧对于一部分新型的浅水波模型同样可以去尝试.

第二，我们在研究 cCH 方程解对初值的非一致连续依赖问题时，引入并改进 Hilmonas 在［38］中的方法. 我们可以构造一列逼近函数列，从而将方程解的非一致连续依赖性转换成该逼近函数列的非一致连续依赖性.

第三，利用黏性消失法研究方程 cCH 与 mCH 在一般条件下的整体弱解的存在性时，由于存在三次非线性项，从而不能直接通过散旋引理得到收敛性. 我们需要结合 Young 测度理论和补偿列紧方法得到粘性解在特定空间中是强收敛的，这依赖于新的守恒律.

第四，由于浅水波模型 cCH 的守恒律比经典 CH 方程的守恒律要少得多. 在证明孤立子的稳定性时，原有的守恒律是不够的，我们能够利用算子作用该方程得到一些其他的守恒律. 此外，由于方程的复杂性，对于非线性项需要更细致的估计，只有这样才有可能得到强解整体存在性和爆破的结果.

6.2 展望

最近十年，以 Novikov 方程为代表的一系列带有高阶非线性项的浅水波模型持续受到大家关注，出现了一系列丰富的研究成果. 从可积性出发，Novikov 对 $(1 - \partial_x^2)u_t = F(u, u_x, u_{xx}, u_{xxx})$ 形式的非线性偏微分方程进行分类[14]. 其中 F 为二次齐次多项式时包含 CH、DP 等著名的浅水波方程，特别地，Novikov 还考察了 F 为三次齐次式时其包含的完全可积方程，得到了一系列具有高阶非线性项的浅水波模型，其中最为典型包括：

$(1 - \partial_x^2)u_t = 3uu_xu_{xx} + u^2u_{xxx} - 4u^2u_x$, （Novikov）

$(1 - \partial_x^2)u_t = \partial_x(u^2u_{xx} - u_x^2u_{xx} + uu_x^2 - u^3)$, （mCH）

$(1 - \partial_x^2)u_t = (1 + \partial_x)(u^2u_{xx} + uu_x^2 - 2u^2u_x)$. （cCH）

Novikov 方程是其中最为著名的带高次非线性项的完全可积方程，它存在形如 $u(t, x) = \pm\sqrt{c}e^{|x-ct|}$ 的尖峰孤立子解，具有双哈密顿结构[14]，最近出现了一系列非常深刻的研究成果，这里我们列举部分我们关心的柯西问题的相关结果：

2012 年，Wu 和 Yin 得到了 Novikov 方程柯西问题在 Sobolev 空间中的局部适定性以及对于特定初值强解的整体存在性[30].

2013 年，Yan，Li 和 Zhang 证明了 Novikov 方程柯西问题在 Sobolev 空间中是不适定的. 对于时，构造了爆破解[31].

2013 年，Lai 对 Novikov 方程在保号条件下的整体弱解进行了研究[32]. Wu 和

Yin 对 Novikov 方程在一般条件下的整体弱解进行了研究, 得到了部分结果[33].

第二个方程在很多文献中被称为 modified Camassa - Holm（mCH）方程, 最早是由 Fuchssteiner, Olver 和 Rosenau 在研究修正 KdV 方程的双哈密顿表示时推导出来的, Qiao 在 [15] 中研究了其可积性、孤立子解等重要问题, 因此在有的文献中我们也称该方程为 FORQ 方程. 作为典型的具有三次非线性项的可积模型, mCH 方程解的结构和轨道稳定性方面与 CH、DP 等方程有很大不同, 近几年围绕该方程展开的很多研究越来越受到大家关注. 关于 mCH 方程的柯西问题方面, 其完全可积性、尖峰孤立子解和尖点解（cuspon）的存在性最先由 Qiao 在 [15] 中已经给出. 该方程的柯西问题已经有不少研究成果, 最为有代表性的如 Gui, Liu, Olver 和 Qu 证明了对于满足特定条件的初值, 方程的解能在有限时间内爆破, 该结论及其他相关问题可以参考 [34]. 在后续的研究中我们希望利用新发现的守恒律对 mCH 方程的柯西问题原有结论作部分推广, 在更一般的初值条件下得到爆破解或者得到强解的整体存在性.

值得注意的是, Novikov 还得到了另一个我们称为 cubic Camassa - Holm（cCH）的方程. Novikov 在 [14] 中证明了该方程具有无穷多守恒律是完全可积系统. 作为新提出的具有高次非线性项的浅水波模型, mCH 方程已经有不少研究成果, 但 cCH 方程目前的研究结果还非常有限. 具体 cCH 方程的柯西问题方面, 笔者和 Yin[35] 给出了该方程在 Besov 空间中的局部适定性和一个爆破结果之后, Cui 和 Han 在 [36] 中研究了该方程解的无限传播速度和 $x \to \infty$ 时的渐近性态. 对于更一般条件下的初值, 该方程强解的整体存在性和爆破现象仍然没有结果. 在整体弱解方面, 在后续的研究中我们将考虑任意初值的整体存在性和特定初值下的唯一性. 另外, 该方程的解对初值是否为一致连续依赖也是本书需要研究的问题.

众所周知, 可积系统是非线性数学物理中的一个重要分支, 已经有上百年的研究历史. 可积系统一个最重要的性质就是其具有无穷多个守恒律, 根据 Noether 定理我们知道守恒律和对称性是相互关联的, 对称性是物理学中用于描述现实世界的主要特性, 我们对可积系统进行深入的研究, 将有助于人们更清楚地理解和认识客观世界. 需要指出的是, 在后续的研究中我们考虑的 mCH、cCH 方程作为 CH 方程的推广, 它们在一定程度上描述了不同水波的运动[14], 另外, 它们都具有无穷多守恒律是完全可积系统. 因而这两类模型不论在描述水波运动还是在对可积系统的研究中都有重要意义.

通过对方程研究历史、现状以及尚未解决问题的分析, 并根据目前我们在非线性偏微分方程中已积累的处理输运方程的方法工具, 在后续的研究中我们希望对以下几个问题有进一步关注:

（1）主要研究方程的强解问题: 考察具有高次非线性项的浅水波模型cCH 与 mCH 强解的整体存在性, 以及在更一般的初值条件下的爆破解的存在性, 找到方程更多的守恒律, 利用浅水波原有的方法能够得到整体存在性.

（2）主要研究方程的弱解问题: 对方程 cCH 与 mCH 找到暗含的紧性条件, 确定其关于一般初值下整体弱解的存在唯一性以及 cCH、mCH 在保号条件下的整体弱解的唯一性问题.

（3）主要研究初值到解的映射是否一致连续的问题: 对方程 cCH 初值到解的映射, 研究其在特定初值下的表现, 确定解对初值是否一致连续依赖.

（4）主要研究方程的孤立子问题: 对浅水波模型 cCH 孤立子轨道稳定性问题, 在研究方程 cCH 的孤立子轨道稳定性时, 将其转化为变分极值问题, 找到合适的守恒律完成孤立子轨道稳定性的证明.

后续相关问题的研究框架如图 6-1 所示, 具体我们希望取得下面的研究目标成果。

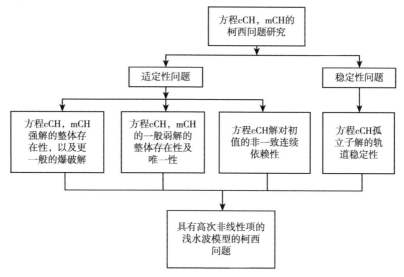

图 6-1 后续问题研究路线

（1）关于方程 cCH 与 mCH 的强解问题：找到相应的初值所需要满足条件，使对应方程的柯西问题的强解具有整体存在性或有限时间内爆破.

（2）关于方程 cCH 与 mCH 的弱解问题：证明对应模型在一般条件下的整体弱解的存在唯一性；证明相应模型的对特定初值的整体弱解的唯一性.

（3）关于初值到解的映射是否一致连续的问题：对方程 cCH 初值到解的映射，构造特定的初值和扰动，证明解对初值的非一致连续依赖性.

（4）关于具有高次非线性项的浅水波模型 cCH 研究新的孤立子，寻找新的守恒律来研究该非线性偏微分方程的孤立子轨道稳定性，并尝试提出新的方法证明它们是轨道稳定或不稳定的.

对上述相应问题目前可以预见的技术难点整理如下：

（1）研究方程 cCH 与 mCH 强解问题时，找到特定的初值条件证明强解的整体存在性，或者推广已有的爆破解，关键在于确定新的守恒律，这有利于我们对初值进行分类以及对强解性质的理解.

（2）研究方程 cCH 与 mCH 一般弱解的存在性时，主要困难在于确定逼近解存在性，以及逼近解的收敛性问题. 要解决此难点不仅用到补偿列紧性方法，还要用的 Yang 测度的知识. 证明方程 cCH 与 mCH 弱解唯一性的问题，我们可以采用经典的熵方法来证明弱解的唯一性，也可以利用方程的特殊形式和守恒律来攻克这一难关.

（3）研究方程 cCH 初值到解的映射是否一致连续时：主要困难在于如何构造特定的初值和扰动，以及对高阶非线性项的估计.

（4）证明方程 cCH 孤立子的稳定性时，主要困难在于如何构造新的辅助函数，寻找新的守恒律，利用这些性质判断它们的轨道稳定性.

依据笔者已有经验，结合上述关键问题，充分考虑运用输运方程的性质，广泛学习和研究国内外有关文献，寻求新的研究方法和思想以求新的突破，拟采取的研究方案及技术路线如下：

（1）关于强解的整体存在性与爆破.

①对于具有高次非线性项的浅水波模型 cCH，我们

通过对该方程进一步的分析得到更为精确的爆破准则，利用该方程的特殊形式确定方程新的守恒律；根据新的守恒律及爆破准则确定方程在满足某些初值条件时的整体存在性，并对已有的爆破结果进行推广，得到在

更一般的初值条件下爆破解的存在性，并得到解的爆破率.

②对于方程 mCH，运用笔者与 Yin 在［37］中的方法，可以得到 mCH 方程的解关于 $m = (1 - \partial_x^2)u$ 的局部 L^1 守恒，这包含 m 的 L^1 守恒，是本质上更强的守恒律. 再利用上述处理 cCH 方程的步骤，得到强解的整体存在性或者在更一般的初值条件下爆破解的存在性，从而部分推广已有的结果.

（2）对于具有高次非线性项的浅水波模型 cCH 与 mCH 一般条件下的整体弱解的存在唯一性：

①通过对系统加黏性项得到黏性逼近系统；

②利用能量方法证明黏性逼近系统的整体强解的存在；

③结合 Young 测度理论和补偿列紧性可以得到粘性解在某个空间中是强收敛的，而收敛的极限正是我们要的弱解，菲尔兹奖获得者 P. L. Lions 和知名学者 R. J. DiPerna 等人用补偿列紧方法在各类偏微分方程中都取得了重要的成果；

④利用相应方程的特殊结构以及保号性，由 Novikov 方程的一般条件下的弱解的唯一性推出方程 cCH 与 mCH 的弱解的唯一性.

（3）研究 cCH 方程强解在 Sobolev 空间中对初值的非一致连续依赖时，我们采用并改进 Hilmonas 在［38］中的方法，这一方法在处理输运方程的非一致连续依赖性是非常有效的，我们构造一组特殊的函数列，可以通过方程的结构计算出该函数列与相同初值满足 cCH 方程的解列的误差范数是个无穷小量，从而将解的非一致连续依赖性转化成该特殊函数列的非一致连续依赖性来得到我们想要的结果.

（4）对于浅水波模型 cCH 的孤立子的轨道稳定性，我们将其转化为变分极值问题，借助 Constantin 和 Strauss 的方法：

①找到方程两个合适的重要的守恒律；

②确定方程的孤立子解；

③将其中守恒能量在尖峰孤立子解处展开，以此找到解和孤立子间差的 H^1 范数，确定误差项；

④构建辅助函数，导出关于两个守恒律之间的重要不等式，用以估计误差项.

本书研究的问题在很多方面还不完善，一些问题还有待解决，进一步的研究还可以考虑如下方向：

（1）对于带三次非线性项的广义 Camassa – Holm 方程，强解的整体存在性，在不需要保号的条件下是否有爆破解或者整体解等问题还有待进一步研究．另外，关于弱解的整体存在性也还没有结论．这些问题的解决可能依赖于新的守恒律，需要进一步考虑．

（2）对于色散 Hunter – Saxton 方程，我们只得到了周期的行波解，更一般的整体解是否存在，以及弱解等相关问题还有待进一步研究．

（3）本书后半部分研究的两个短波方程，只考虑了周期情形，那么在整个直线上的柯西问题的适定性依然没有解决，其中的困难与微分算子的逆 ∂_x^{-1} 的定义和性质有关．这个问题特别有意义，有待进一步研究．

参 考 文 献

[1] R. Camassa, D. D. Holm. An Integrable Shallow Water Equation with Peaked Solitons [J]. Phys. Rev. Lett. , 1993, 71 (11): 1661 – 1664.

[2] D. Kordeweg, G. de Vries. On the Change of Form of Long Waves Advancing in a Rectangular Canal, and on a New Type of Long Sta – tionary Waves [J]. Philosophical Magazine, 1895, 39 (240): 422 – 443.

[3] A. Degasperis, M. Procesi. Asymptotic Integrability [M] //Symmetry and Perturbation Theory (Rome, 1998). World Sci. Publ. , River Edge, NJ, 1999: 23 – 37.

[4] H. R. Dullin, G. A. Gottwald, D. D. Holm. On Asymptotically Equiva – lent Shallow Water Wave Equations [J]. Phys. D, 2004, 190 (1 – 2): 1 – 14.

[5] A. Degasperis, D. D. Kholm, A. N. I. Khon. A New Integrable Equa – tion with Peakon Solutions [J]. Teoret. Mat. Fiz. , 2002, 133 (2): 170 – 183.

[6] A. Constantin, R. I. Ivanov, J. Lenells. Inverse Scattering Trans – form for the Degasperis – Procesi Equation [J]. Nonlinearity, 2010, 23 (10): 2559 – 2575.

[7] V. O. Vakhnenko, E. J. Parkes. Periodic and Solitary – wave Solutions of the Degasperis – Procesi Equation [J]. Chaos Solitons Fractals, 2004, 20 (5): 1059 – 1073.

[8] J. Lenells. Traveling Wave Solutions of the Degasperis – Procesi Equa – tion [J]. J. Math. Anal. Appl. , 2005, 306 (1): 72 – 82.

[9] A. Constantin. Edge Waves Along a Sloping Beach [J]. J. Phys. A, 2001, 34 (45): 9723 – 9731.

[10] D. Henry. On Gerstner's Water Wave [J]. J. Nonlinear Math. Phys. ,

2008，15（sup2）：87 – 95.

［11］ A. Constantin. An Exact Solution for Equatorially Trapped Waves ［J］. J. Geophys. Res. ：Oceans，2012，117（C5）：321 – 362.

［12］ A. Constantin，P. Germain. Instability of some Equatorially Trapped Waves ［J］. J. Geophys. Res. ：Oceans，2013，118（6）：2802 – 2810.

［13］ D. Henry. An Exact Solution for Equatorial Geophysical Water Waves with an Underlying Current ［J］. Eur. J. Mech. B Fluids，2013，38.

［14］ V. Novikov. Generalizations of the Camassa – Holm Equation ［J］. J. Phys. A，2009，42（34）：342002，14.

［15］ A. N. W. Hone，J. P. Wang. Integrable Peakon Equations with Cubic Nonlinearity ［J］. J. Phys. A，2008，41（37）：372002，10.

［16］ T. B. Benjamin，J. L. Bona，J. J. Mahony. Model Equations for Long Waves in Nonlinear Dispersive Systems ［J］. Philos. Trans. Roy. Soc. London Ser. A，1972，272（1220）：47 – 78.

［17］ J. K. Hunter，R. Saxton. Dynamics of Director Fields ［J］. SIAM J. Appl. Math.

［18］ P. Olver，P. Rosenau. Tri – hamiltonian Duality between Solitions and Solitary Wave Solutions Having Compact Support ［J］. Phys. Rev. E.

［19］ E. Bour. Théorie De La Déformation Des Surfaces ［M］.

［20］ T. Schäfter，C. E. Wayne. Propagation of Ultra – short Optical Pulses in Cubic Nonlinear Media ［J］. Phys. D，2004，196（1 – 2）：90 – 105.

［21］ J. Brunelli. The Short Pulse Hierarchy ［J］. J. Math. Phys. ，2005，46（12）：123507.

［22］ S. S. A. Sakovich. Solitary Wave Solutions of the Short Pulse Equa – tion ［J］. J. Phys. A，2006，39（22）：361 – 367.

［23］ Y. Matsuno. Multiloop Soliton and Multibreather Solutions of the Short Pulse Model Equation ［J］. J. Phys. Soc. Jpn. ，2007，76（8）：084003.

［24］ S. Sakovich. Transformation and Integrability of a Generalized Short Pulse Equation ［J］. Commun. Nonlinear Sci. Numer. Simul. ，2016.

［25］ G. Gui，Y. Liu. On the Cauchy Problem for the Degasperis – Procesi Equation ［J］. Quart. Appl. Math. ，2011，69（3）：445 – 464.

［26］ A. A. Himonas， C. Holliman. The Cauchy Problem for the Novikov Equation ［J］. Nonlinearity, 2012, 25 （2）: 449 – 479.

［27］ Z. Yin. Global Existence for a New Periodic Integrable Equation ［J］. J. Math. Anal. Appl. , 2003, 283 （1）: 129 – 139.

［28］ Y. Liu, Z. Yin. Global Existence and Blow – up Phenomena for the Degasperis – Procesi Equation ［J］. Comm. Math. Phys. , 2006, 267 （3）: 801 – 820.

［29］ Z. Yin. Global Solutions to a New Integrable Equation with Peakons ［J］. Indiana Univ. Math. J. , 2004, 53 （4）: 1189 – 1209.

［30］ J. Escher, Y. Liu, Z. Yin. Global Weak Solutions and Blow – up Struc – ture for the Degasperis – Procesi Equation ［J］. J. Funct. Anal. , 2006, 241 （2）: 457 – 485.

［31］ J. Escher, Y. Liu, Z. Yin. Shock Waves and Blow – up Phenomena for the Periodic Degasperis – Procesi Equation ［J］. Indiana Univ. Math. J. , 2007, 56 （1）: 87 – 117.

［32］ Z. Yin. Global Weak Solutions for a New Periodic Integrable Equation with Peakon Solutions ［J］. J. Funct. Anal. , 2004, 212 （1）: 182 – 194.

［33］ H. Lundmark. Formation and Dynamics of Shock Waves in the Degasperis – Procesi Equation ［J］. J. Nonlinear Sci. , 2007, 17 （3）: 169 – 198.

［34］ G. M. Coclite, K. H. Karlsen. On the Well – posedness of the Degasperis – Procesi Equation ［J］. J. Funct. Anal. , 2006, 233 （1）: 60 – 91.

［35］ J. Li, Z. Yin. Well – posedness and Global Existence for a Generalized Degasperis – procesi Equation ［J］. Nonlinear Anal. Real World Appl. , 2016, 28 （6）: 72 – 90.

［36］ X. Wu, Z. Yin. Well – posedness and Global Existence for the Novikov Equation ［J］. Ann. Sc. Norm. Super. Pisa Cl. Sci. （5）, 2012, 11 （3）: 707 – 727.

［37］ X. Wu, Z. Yin. A Note on the Cauchy Problem of the Novikov Equa – tion ［J］. Appl. Anal. , 2013, 92 （6）: 1116 – 1137.

［38］ W. Yan, Y. Li, Y. Zhang. The Cauchy Problem for the Integrable Novikov Equation ［J］. J. Differential Equations, 2012, 253 （1）: 298 – 318.

信毅学术文库

［39］ W. Yan, Y. Li, Y. Zhang. The Cauchy Problem for the Novikov Equation ［J］. NoDEA Nonlinear Differential Equations Appl. , 2013, 20 (3): 1157 – 1169.

［40］ S. Lai. Global Weak Solutions to the Novikov Equation ［J］. J. Funct. Anal. , 2013, 265 (4): 520 – 544.

［41］ X. Wu, Z. Yin. Global Weak Solutions for the Novikov Equation ［J］. J. Phys. A, 2011, 44 (5): 055202, 17.

［42］ W. Cui, L. Han. Infinite Propagation Speed and Asymptotic Behav – ior for a Generalized Camassa – holm Equation with Cubic Nonlinear – ity ［J］.

［43］ A. N. Hone, V. Novikov, J. P. Wang. Generalizations of the Short Pulse Equation ［J］. 2017, 108 (4): 1 – 21.

［44］ D. S. R. Beals, J. Szmigielski. Inverse Scattering Solutions of the Hunter – saxton Equations ［J］. Appl. Anal.

［45］ J. K. Hunter, Y. Zheng. On a Completely Integrable Nonlinear Hyper – bolic Variational Equation ［J］. Phys. D.

［46］ Z. Yin. On the Structure of Solutions to the Periodic Hunter – saxton Equation ［J］. SIAM J. Math. Anal. , 2004, 36 (4): 272 – 283.

［47］ A. Bressan, A. Constantin. Global Solutions of the Hunter – saxton Equation ［J］. SIAM J. Math. Anal.

［48］ M. Rabelo. On Equations Which Describe Pseudospherical Sur – faces ［J］. Stud. Appl. Math.

［49］ S. S. A. Sakovich. The Short Pulse Equation Is Integrable ［J］. J. Phys. Soc. Jpn.

［50］ E. Parkes. Some Periodic and Solitary Travelling – wave Solutions of the Short – pulse Equation ［J］. Chaos Solitons Fractals.

［51］ D. Pelinovsky, A. Sakovich. Global Well – posedness of the Short – pulse and Sine – gordon Equations in Energy Space ［J］. Comm. Partial Differ – ential Equations.

［52］ D. P. Y. Liu, A. Sakovich. Wave Breaking in the Short – pulse Equa – tion ［J］. Dyn. Partial Differ. Equ.

［53］ H. Bahouri, J. – Y. Chemin, R. Danchin. Fourier Analysis and Nonlinear Partial Differential Equations [M]. Springer, Heidelberg, 2011.

[54] R. Danchin. Fourier Analysis Methods for Pdes [J]. Lecture notes.

[55] R. Danchin. A Few Remarks on the Camassa – Holm Equation [J]. Dif – ferential Integral Equations, 2001, 14 (8): 953 – 988.

[56] W. Luo, Z. Yin. Local Well – posedness and Blow – up Criteria for a Two – component Novikov System in the Critical Besov Space [J]. Nonlinear Anal. , 2015, 122: 1 – 22.

[57] J. Li, Z. Yin. Remarks on the Well – posedness of Camassa – holm Type Equations in Besov Spaces [J]. J. Differential Equations.

[58] M. Li, Z. Yin. Blow – up Phenomena and Local Well – posedness for a Generalized Camassa – holm Equation with Cubic Nonlinearity [J]. Nonlinear Anal. , 2017, 151: 208 – 226.

[59] A. Constantin, J. Escher. Global Weak Solutions for a Shallow Water Equation [J]. Indiana Univ. Math. J.

[60] G. M. Coclite, H. Holden, K. H. Karlsen. Wellposedness for a Para-bolic – elliptic System [J]. Discrete Contin. Dyn. Syst. A, 2005, 13 (3): 659 – 682.

[61] A. Constantin, J. Escher. Wave Breaking for Nonlinear Nonlocal Shal – low Water Equations [J]. Acta Math. , 1998, 181 (2): 229 – 243.

[62] T. Kato. Quasi – linear Equations of Evolution, with Applications to Partial Differential Equations [M]. Springer, Berlin, 1975: 25 – 70.

[63] A. M. Wazwaz. The Tanh Method: Exact Solutions of the Sine – gor-don and the Sinh – gordon Equations [J]. Applied Mathematics and Compu – tation.

[64] D. Kaup, A. Newell. The Goursat and Cauchy Problems for the Sine – gordon Equation [J]. SIAM J. Appl. Math.

[65] Y. Zhao, Y. Li, W. Yan. Local Well – posedness and Persistence Property for the Generalized Novikov Equation [J]. Discrete Contin. Dyn. Syst. , 2014, 34 (2): 803 – 820.

[66] S. Zhang, Z. Yin. On the Blow – up Phenomena of the Periodic Dullin – Gottwald – Holm Equation [J]. J. Math. Phys. , 2008, 49 (11): 113504, 16.

[67] S. Zhang, Z. Yin. Global Weak Solutions for the Dullin – Gottwald – Holm Equation [J]. Nonlinear Anal. , 2010, 72 (3 – 4): 1690 – 1700.

[68] Z. Xin, P. Zhang. On the Weak Solutions to a Shallow Water Equa – tion [J]. Comm. Pure Appl. Math. , 2000, 53 (11): 1411 – 1433.

[69] G. Rodríguez – Blanco. On the Cauchy Problem for the Camassa – Holm Equation [J]. Nonlinear Anal. , 2001, 46 (3): 309 – 327.

[70] Y. A. Li, P. J. Olver. Well – posedness and Blow – up Solutions for an Integrable Nonlinearly Dispersive Model Wave Equation [J]. J. Differ – en – tial Equations, 2000, 162 (1): 27 – 63.

[71] N. H. Ibragimov. A New Conservation Theorem [J]. J. Math. Anal. Appl. , 2007, 333 (1): 311 – 328.

[72] N. H. Ibragimov, R. S. Khamitova, A. Valenti. Self – adjointness of a Generalized Camassa – Holm Equation [J]. Appl. Math. Comput. , 2011, 218 (6): 2579 – 2583.

[73] Q. Hu, Z. Yin. Blowup and Blowup Rate of Solutions to a Weakly Dissipative Periodic RodEquation [J]. J. Math. Phys. , 2009, 50 (8): 083503, 16.

[74] W. Yan, Y. Li, Y. Zhang. Global Existence and Blow – up Phenom – ena for the Weakly Dissipative Novikov Equation [J]. Nonlinear Anal. , 2012, 75 (4): 2464 – 2473.

[75] A. N. W. Hone, H. Lundmark, J. Szmigielski. Explicit Multipeakon Solutions of Novikov's Cubically Nonlinear Integrable Camassa – Holm Type Equation [J]. Dyn. Partial Differ. Equ. , 2009, 6 (3): 253 – 289.

[76] T. Kato, G. Ponce. Commutator Estimates and the Euler and Navier – Stokes Equations [J]. Comm. Pure Appl. Math. , 1988, 41 (7): 891 – 907.

[77] W. Luo, Z. Yin. Global Existence and Local Well – posedness for a Three – component Camassa – Holm System with N – peakon Solu – tions [J]. J. Differential Equations, 2015, 259 (1): 201 – 234.

[78] A. A. Himonas, G. Misiołek. Analyticity of the Cauchy Problem for an Integrable Evolution Equation [J]. Math. Ann. , 2003, 327 (3): 575 – 584.

[79] M. S. Baouendi, C. Goulaouic. Remarks on the Abstract Form of Non –

linear Cauchy – Kovalevsky Theorems [J]. Comm. Partial Differential Equations, 1977, 2 (11): 1151 –1162.

[80] A. Constantin, J. Escher. Analyticity of Periodic Traveling Free Surface Water Waves with Vorticity [J]. Ann. of Math. (2), 2011, 173 (1): 559 –568.

[81] A. Constantin. Finite Propagation Speed for the Camassa – Holm Equation [J]. J. Math. Phys., 2005, 46 (2): 023506, 4.

[82] K. Yan, Z. Yin. Analytic Solutions of the Cauchy Problem for Two – component Shallow Water Systems [J]. Math. Z., 2011, 269 (3 –4): 1113 –1127.

[83] L. Brandolese. Breakdown for the Camassa – Holm Equation Using Decay Criteria and Persistence in Weighted Spaces [J]. Int. Math. Res. Not. IMRN, 2012, (22): 5161 –5181.

[84] X. Tu, Z. Yin. Blow – up Phenomena and Local Well – posedness for a Generalized Camassa – Holm Equation in the Critical Besov Space [J]. Nonlinear Anal., 2015, 128: 1 –19.

[85] A. A. Himonas, G. Misiołek, G. Ponce, et al. Persistence Properties and Unique Continuation of Solutions of the Camassa – Holm Equa – tion [J]. Comm. Math. Phys., 2007, 271 (2): 511 –522.

[86] J. Málek, J. Nečas, M. Rokyta, et al. Weak and Measure – valued Solutions to Evolutionary PDEs [M]. Chapman & Hall, London, 1996: xii + 317.

[87] A. Bressan, A. Constantin. Global Conservative Solutions of the Camassa – Holm Equation [J]. Arch. Ration. Mech. Anal., 2007, 183 (2): 215 –239.

[88] A. Bressan, A. Constantin. Global Dissipative Solutions of the Camassa – Holm Equation [J]. Anal. Appl. (Singap.), 2007, 5 (1): 1 –27.

[89] A. Constantin. On the Scattering Problem for the Camassa – Holm Equation [J]. R. Soc. Lond. Proc. Ser. A Math. Phys. Eng. Sci., 2001, 457 (2008): 953 –970.

[90] A. Constantin. The Trajectories of Particles in Stokes Waves [J]. In –

信毅学术文库

vent. Math. , 2006, 166 (3): 523 - 535.

[91] A. Constantin, J. Escher. Global Existence and Blow - up for a Shallow Water Equation [J]. Ann. Scuola Norm. Sup. Pisa Cl. Sci. (4), 1998, 26 (2): 303 - 328.

[92] A. Constantin, J. Escher. Well - posedness, Global Existence, and Blowup Phenomena for a Periodic Quasi - linear Hyperbolic Equa - tion [J]. Comm. Pure Appl. Math. , 1998, 51 (5): 475 - 504.

[93] A. Constantin, J. Escher. Particle Trajectories in Solitary Water Waves [J]. Bull. Amer. Math. Soc. (N. S.), 2007, 44 (3): 423 - 431.

[94] A. Constantin, D. Lannes. The Hydrodynamical Relevance of the Camassa - Holm and Degasperis - Procesi Equations [J]. Arch. Ration. Mech. Anal. , 2009, 192 (1): 165 - 186.

[95] A. Constantin, H. P. McKean. A Shallow Water Equation on the Cir - cle [J]. Comm. Pure Appl. Math. , 1999, 52 (8): 949 - 982.

[96] A. Constantin, L. Molinet. Global Weak Solutions for a Shallow Water Equation [J]. Comm. Math. Phys. , 2000, 211 (1): 45 - 61.

[97] A. Constantin, W. A. Strauss. Stability of Peakons [J]. Comm. Pure Appl. Math. , 2000, 53 (5): 603 - 610.

[98] R. Danchin. A Note on Well - posedness for Camassa - Holm Equa - tion [J]. J. Differential Equations, 2003, 192 (2): 429 - 444.

[99] Y. Liu, Z. Yin. Global Existence and Blow - up Phenomena for the Degasperis - Procesi Equation [J]. Comm. Math. Phys. , 2006, 267 (3): 801 - 820.

[100] Y. Liu, Z. Yin. On the Blow - up Phenomena for the Degasperis - Procesi Equation [J]. Int. Math. Res. Not. IMRN, 2007, (23): Art. ID rnm117, 22.

[101] H. Lundmark, J. Szmigielski. Multi - peakon Solutions of the Degasperis - Procesi Equation [J]. Inverse Problems, 2003, 19 (6): 1241 - 1245.

[102] J. F. Toland. Stokes Waves [J]. Topol. Methods Nonlinear Anal. , 1996, 7 (1): 1 - 48.

[103] Z. Yin. On the Cauchy Problem for an Integrable Equation with Peakon Solutions [J]. Illinois J. Math. , 2003, 47 (3): 649 - 666.

[104] A. Constantin. Existence of Permanent and Breaking Waves for a

Shallow Water Equation: A Geometric Approach [J]. Ann. Inst. Fourier (Grenoble), 2000, 50 (2): 321 – 362.

[105] P. – L. Lions. Mathematical Topics in Fluid Mechanics. Vol. 1 [M]. The Clarendon Press, Oxford University Press, New York, 1996: xiv + 237.

[106] C. Guan, Z. Yin. Global Weak Solutions for a Two – component Camassa – Holm Shallow Water System [J]. J. Funct. Anal. , 2011, 260 (4): 1132 – 1154.

[107] I. P. Natanson. Theory of Functions of a Real Variable. Vol. II [M]. Frederick Ungar Publishing Co. , New York, 1961: 265.

[108] N. J. Zabusky, M. D. Kruskal. Interaction of Solitons in a Collisionless Plasma and the Recurrence of Initial States [J]. Phys. Rev. Lett. , 1965, 15 (6): 240 – 243.

[109] J. S. Russell. Report on Waves. 14th Meeting of the British Association for the Advancement of Science [M] //John Murray, London. 1844: 311 – 390.

[110] R. M. Miura, C. S. Gardner, M. D. Kruskal. Korteweg – de Vries Equa – tion and Generalizations. II. Existence of Conservation Laws and Con – stants of Motion [J]. J. Mathematical Phys. , 1968, 9: 1204 – 1209.

[111] P. J. Olver. Applications of Lie Groups to Differential Equations [M]. Second ed. , Springer – Verlag, New York, 1993.

[112] B. Fuchssteiner, A. S. Fokas. Symplectic Structures, Their Bäcklund Transformations and Hereditary Symmetries [J]. Physica D, 1981/82, 4 (1): 47 – 66.

[113] A. Constantin. The Hamiltonian Structure of the Camassa – Holm Equation [J]. Exposition. Math. , 1997, 15 (1): 53 – 85.

[114] R. Camassa, D. D. Holm. An New Integrable Shallow Water Equation with Peaked Solitons [J]. Adv. Appl. Mech. , 1994, 31: 1 – 33.

[115] A. Constantin, W. A. Strauss. Stability of the Camassa – Holm Solitons [J]. J. Nonlinear Sci. , 2002, 12 (4): 415 – 422.

[116] A. Constantin, J. Escher. On the Blow – up Rate and the Blow – up

信
毅
学
术
文
库

Set of Breaking Waves for a Shallow Water Equation [J]. Math. Z. , 2000, 233 (1): 75 – 91.

[117] A. A. Himonas, G. Misiołek. High – Frequency Smooth Solutions and Well – Posedness of the Camassa – Holm Equation [J]. Int. Math. Res. Not. , 2005, (51): 3135 – 3151.

[118] P. Byers. Existence Time for the Camassa – Holm Equation and the Critical SobolevIndex [J]. Indiana Univ. Math. J. , 2006, 55 (3): 941 – 954.

[119] Z. Yin. Global Existence for a New Periodic Integrable Equation [J]. J. Math. Anal. Appl. , 2003, 283 (1): 129 – 139.

[120] D. Chen, Y. Li, W. Yan. On the Cauchy Problem for a General – ized Camassa – Holm Equation [J]. Discrete Contin. Dyn. Syst. , 2015, 35 (3): 871 – 889.

[121] L. Tian, G. Gui, Y. Liu. On the Well – posedness Problem and the Scat – tering Problem for the Dullin – Gottwald – Holm Equation [J]. Comm. Math. Phys. , 2005, 257 (3): 667 – 701.

[122] A. Constantin, W. A. Strauss. Stability of a Class of Solitary Waves in Compressible Elastic Rods [J]. Phys. Lett. A, 2000, 270 (3 – 4): 140 – 148.

[123] G. M. Coclite, K. H. Karlsen, N. H. Risebro. Numerical Schemes for Computing Discontinuous Solutions of the Degasperis – Procesi Equa – tion [J]. IMA J. Numer. Anal. , 2008, 28 (1): 80 – 105.

[124] O. G. Mustafa. A Note on the Degasperis – Procesi Equation [J]. J. Nonlinear Math. Phys. , 2005, 12 (1): 10 – 14.

[125] G. Misiołek. A Shallow Water Equation as a Geodesic Flow on the Bott – Virasoro Group [J]. J. Geom. Phys. , 1998, 24 (3): 203 – 208.

[126] A. Constantin, B. Kolev. Geodesic Flow on the Diffeomorphism Group of the Circle [J]. Comment. Math. Helv. , 2003, 78 (4): 787 – 804.

[127] X. Tu, Z. Yin. Local Well – posedness and Blow – up Phenomena for a Generalized Camassa – holm Equation with Peakon Solutions [J]. Dis – crete Contin. Dyn. Syst. A, 2016, 36 (5): 2781 – 2801.

[128] X. Tu, Z. Yin. The Cauchy Problem for a Family of Generalized Ca – massa – Holm Equations [J]. Appl. Anal. , 2016, 95 (6): 1184 – 1213.

［129］ T. Rehman, G. Gambino, S. R. Choudhury. Smooth and Non – smooth Traveling Wave Solutions of some Generalized Camassa – Holm Equa – tions ［J］. Commun. Nonlinear Sci. Numer. Simul. , 2014, 19 （6）: 1746 – 1769.

［130］ J. Escher, B. Kolev. The Degasperis – Procesi Equation as a Non – metric Euler Equation ［J］. Math. Z. , 2011, 269 （3 – 4）: 1137 – 1153.

［131］ T. Rehman, G. Gambino, S. R. Choudhury. Smooth and Non – smooth Traveling Wave Solutions of some Generalized Camassa – Holm Equa – tions ［J］. Commun. Nonlinear Sci. Numer. Simul. , 2014, 19 （6）: 1746 – 1769.

［132］ H. Chen, Z. Guo. Asymptotic Profile of Solutions to the Degasperis – Procesi Equation ［J］. Bull. Malays. Math. Sci. Soc. , 2015, 38 （1）: 333 – 344.

［133］ M. Li, Z. Yin. Blow – up Phenomena and Travelling Wave Solutions to the Periodic Integrable Dispersive Hunter – saxton Equation ［J］. Dis – crete Contin. Dyn. Syst. A, 2017, 37 （12）: 6471 – 6485.

［134］ M. Li, Z. Yin. Global Existence and Local Well – posedness of the Single – cycle Pulse Equation ［J］. J. Math. Phys. , 2017, 58 （10）: 101515.

［135］ D. Henry. Equatorially Trapped Nonlinear Water Waves in a Beta – plane Approximation with Centripetal Forces ［J］. J. Fluid Mech. , 2016, 804.

［136］ M. Li, Z. Yin. On the Stong and Weak Solutions to a Generalized Degasperis – procesi Equation ［J］. Preprint, arXiv: 1805. 00161, 2018.